U0175017

基本和食

[日] 橘香（ORANGE PAGE） 编　　　[日] 千叶万希子 译

上海文化出版社

这个、那个，都想尝试，
还有好多想学会的料理。
但是，说到今晚的晚饭要做什么，

"嗯——
怎么办呢？"
当你遇到这种状况，

就请打开这本书，
做几道菜吧。

这本书甄选了
只要听到菜名，
就能回想起味道和模样的日式家常菜。
不过说实在话，
人们在每天的饭桌上最想吃的菜
都是最基本的菜品。

首先阅读"步骤和诀窍"，进行想象训练。
然后，准备进入烹饪工作。
一步一步参照步骤操作，
做出来的，就是好吃的菜。
"这道菜，真好吃呀！"
这一句话，
让在厨房做料理这件事

变得越来越有趣。

基本和食

CONTENTS

本书的使用方法

● 本书中标记的大匙 1 匙 =15ml，小匙 1 匙 = 5ml，1 杯 = 200ml。

● 本书中的盐为精制食盐，糖为上白糖 *，面粉为低筋面粉。

* 上白糖是日本料理的常见调料，在蔗糖中混入了一定比例的转化糖，性状湿润。

目录

焖一碗好吃的白米饭

正因为是每天都在吃的白米饭，我们更应该在味道上追求极致。例如选大米的方法、淘米的手法、米饭的保温方式和保存方式等，如果能每一个步骤都下一点功夫，白米的口感和味道将会大大提升。可口的佳肴配上喷香的白米饭，一定是最令人满足的一桌美食了。

购买大米时的要点

当你每次选好了大米的品牌，是不是直接放进购物筐里了呢？在选择大米时，最关键的是保质期，要注意是否新鲜。大米在制作的过程中会经过多次抛光，如放置时间太久，大米将会慢慢酸化。酸化会令白米饭的口感和香味大打折扣。所以当你在超市购买大米时，确认大米的生产日期是关键的第一步。

如何选择大米的分量

人们之所以重视白米的新鲜度，是因为购买之后，口味和香味会逐日递减。最好能够在新鲜的时间内食用完毕。购买大米时需要注意的是，购入的分量应符合家庭成员的数量。

大米的保存方法

大米要放置在阴凉处，用密封罐子保存或者放入密封袋中进行存放。如果住在公寓，家里没有储藏处，进行密封后放在冰箱里存放就好。

大米的正确测量

大部分日本的烹饪书中，白米都是以"合"为单位的。我们在家使用的电饭煲的量杯也以"合"为单位。以水的容积为例，1合相当于180ml。需要注意的是，一般市场上贩卖的电饭煲配备的量杯是200ml，在盛白米时，看清楚白米的量是否在180ml的线上。同时，装入电饭锅后，也要注意水量和提示的水线是否对齐。

第一步是洗米

将白米放入碗内，加水后快速洗米，并马上倒掉。目的是去除白米的灰尘。为了不让污水被大米吸收，尽可能用冷水清洗，这一步的关键是动作要快。

淘米

这时，白米慢慢开始吸收水分，这一步的诀窍是用手掌紧紧托住碗底，慢慢淘米。加水将糠冲走，反复操作4至5次，直到水变清就完成了。

让水浸透至米芯

淘米完成后，将米放在笊篱上大约30分钟，把水沥干，再放入电饭煲内，根据白米的比例加入适量的水。冬天大约40分钟，夏天大约20分钟，水就可以完全浸透到白米内部。

讲究水质

水的新鲜程度和米饭的美味程度息息相关。用纯净水或者矿泉水做饭，不仅难闻的味道会消失，还会显著提升米饭的香味。如果能使用纯净水淘米的话就会更接近完美。

饭做好后

蒸完饭后，用木勺在锅中搅拌去除蒸气。然后进行放置，即使放置很短的时间也能避免米饭湿漉漉的，而且味道还会松软可口。

保温的方法

即使放在保温壶里，保温时间也很短。如果长时间保温的话，饭香会流失，颜色也会变成黄色，味道也会逐步下降。大约两个小时，保温时间结束，再食用的时候放在微波炉内加热会更好吃。

保存的方法

冷冻米饭，这种保存方法现如今已经很普遍了。每次用保鲜膜裹住米饭，放进冰箱冷冻室内低温保存。因为冷藏保存会让米饭的味道有所改变，所以建议大家将新鲜美味的米饭尽快冷冻保存。

基本家常菜

提到日式家常菜，

入门菜便是炖菜。

下面就来介绍一些

适合当作晚餐的解馋菜品。

加入肉丸子来增添食欲，

还有鲕鲲鱼和沙丁鱼的健康菜品，

饱腹感十足的炸鸡块

和烤生姜肉片等，

都是最适合日常餐桌的菜肴。

基本家常菜

四方肉块炖鸡蛋

慢慢熬出来的美味，任何东西都无法替代

食材（2~3 人份）

五花肉（在常温下放置 30 分钟左右）…… 600g

肉汤

水 …… 800ml

日本清酒 …… 100ml

切薄的生姜 …… 1 小片

大葱绿色的部位 …… 2~3 棵

鸡蛋 …… 4 个

酱油 …… 100ml

糖 …… 2 大匙

日式辣椒酱 …… 适量

步骤和诀窍

猪肉需要花时间提前进行慢炖。在此期间煮好鸡蛋捞出备用。

调味料要分两次加入，这样肉就不会变硬，炖好以后浓香满屋。

五花肉

五花肉，指猪肩胛和猪腿之间的肉，味道鲜美可口。五花肉的主要特征是肥瘦相间。好的五花肉瘦肉和肥肉的比例为 1 : 1。有些即使表面是瘦肉，也要注意里面有可能是大块的肥肉。这道菜主要使用了五花肉块，在超市中也能购买到已切成薄片的五花肉。

1. 煮肉

①将整块的五花肉放进锅内，同时放入水、日本清酒、生姜和葱。

②大火煮制，煮沸后转小火，撇去血沫。 盖上锅盖慢炖 1~1.5 个小时。煮到用牙签能够戳透肉块，便可停火。

2．煮鸡蛋

把鸡蛋放进锅里，水量加到刚好盖住鸡蛋。中火煮制，不时用筷子拨动鸡蛋。煮沸之后转为小火慢煮10分钟，用冷水冷却，剥蛋壳。

3．切肉

取出煮好的五花肉，切成6小块。

4．肉和鸡蛋再次放入肉汤里熬煮

①取出（第1步中）肉汤里的葱和生姜。放入肉块和水煮蛋，加入一半的酱油后开火，待煮沸之后转小火，盖上锅盖慢炖大约20分种。如果汤量减少，可加水至刚好没过肉块。

②加入剩下的酱油和糖，盖上锅盖，再煮20分钟左右。
③捞出猪肉和鸡蛋，将鸡蛋对半切开，放入盘内，加少许辣椒酱作为点缀。

（1人份632 kcal）

具有除味功能的蔬菜

想要去除肉本身特有的腥味，葱和生姜是不二选择。平时烧菜时不要丢掉葱的绿色部分，去除腥味只需一点点绿叶。生姜的话，外皮的除味效果会更好。甚至可以只使用生姜皮去除腥味。建议在平时切生姜时，不要丢掉生姜皮，将生姜皮晒干后可以在炖煮鸡肉、猪肉时放入除腥。

煮鸡蛋时用筷子来回不停地拨动鸡蛋，是为了使鸡蛋均匀受热，蛋黄能够凝固在蛋清的正中间。煮熟后，用刀切开会非常漂亮。

如果不想炖煮五花肉，也可以煎烤，味道会更香。五花肉切成方块，平底锅中加入少量色拉油，将五花肉煎到外皮脆嫩。煎烤五花肉时会出很多猪油，要勤用厨房纸吸取油汁。

猪肉煮好后放置一晚，汤汁表面会凝固一层油脂。如果不喜油腻，可以去掉这一层油脂，加热后口味会更加清爽。

筑前煮

多吃根茎类蔬菜来慰藉你的身体

食材（3~4 人份）

鸡腿肉 …… 1 块（250g）

干香菇 …… 4 个

魔芋 …… 1 块

腌渍魔芋所需的盐 …… 1 小匙

牛蒡 …… 100g

清洗牛蒡所需的醋 …… 少量

藕 …… 100g

清洗藕片所需的醋 …… 少量

胡萝卜（小）…… 1 根

荷兰豆 …… 12 根

煮荷兰豆所需的盐 …… 少量

色拉油 …… 1 大匙

日本清酒 …… 3 大匙

出汁 …… ½ 杯

调味料

味淋 …… 2 大匙

糖 …… 1 大匙

酱油 …… 4 大匙

步骤和诀窍

预先切好所有材料备用，除荷兰豆以外的食材都要下锅快炒，加入出汁和调味料一起炖煮。酱油要分两次加入，这样就可以制造出有层次的香气。

锅盖

日式炖菜的必需品之一就是锅盖。将锅盖直接放置在食材上熬煮，使锅盖下的汤汁对流，即使只使用少量的汤汁也可使食材充分入味。为了木质锅盖不沾染异味，需过水后使用。用完之后洗净晾干。

制作简易锅盖

取出与锅盖大小差不多的烤箱油纸，两次对折后沿着边缘剪成扇形。在扇形的两边和尖端部分剪出小孔，如图所示，便完成了简易的带孔锅盖。

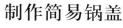

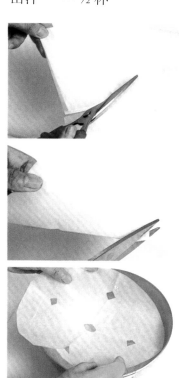

将油均匀加热

在"翻炒之后再炖煮"这个过程中，你是否遇到过肉末粘在锅底的惨剧？如果在油还没有完全受热均匀的状态下就开始翻炒，就会导致这样的情况。为了让肉的口感更加软嫩筋道，炖煮后能够咬出鲜美的肉汁，请一定要把油均匀加热。

1.在锅内放入大约 3 匙色拉油（分量外），用小火加热。虽然这一步可以使用剩油，但是为了不粘锅，尽可能使用干净的油。将油充分加热，关火后放凉。

2.待锅内温度降到常温，适当倒出多余的油，等待翻炒。

在这个步骤上多用些心思，炒煮料理时就能避免失误。

1. 切食材

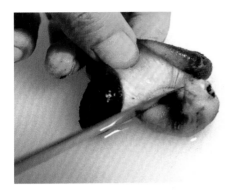

①将浸泡后的干香菇挤干水分。切掉菇柄，用菜刀将香菇切成两片。

②用勺子把魔芋分成方便一口食用的大小，放入锅内加盐用手揉捏。清洗魔芋后放回锅内，加水直到浸没魔芋，并开中火慢煮，煮沸之后转小火煮5分钟，取出备用。

③用菜刀去掉牛蒡皮，斜切成6mm厚的薄片，在水中加点醋浸泡10分钟。把藕去皮然后对半切开，并切成8mm厚的半圆片，在水中加点醋浸泡5分钟。

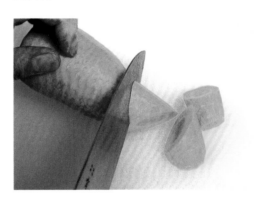

④胡萝卜去皮，切成小块。去除荷兰豆的头尾部和筋，在加盐的热水中快煮，放入冷水中冷却后擦拭水分备用。

⑤去除鸡肉多余的皮和肥肉部分，切成4cm厚的小块。

2．翻炒

①往锅里放入 3 大匙色拉油（分量外），用小火开始加热，使色拉油充分受热后关火，放置。
②待锅的温度回到常温，再次加油开火，放入鸡肉块，把鸡肉块正反两面煎至有颜色和香味即可。

③锅内加入魔芋、香菇、牛蒡、藕片、胡萝卜一起翻炒，加入日本清酒。

3．加入出汁

锅内倒入出汁。

4．调味和慢煮

①煮沸后转成小火，撇去浮沫，加入味淋和砂糖。

②铺上锅盖（参考本书第 14 页），盖上锅盖炖煮 10 分钟左右。

③加 ½ 的酱油后，盖上锅盖煮 10 分钟左右。加剩下的酱油再次盖上锅盖煮 5 分钟左右，放点荷兰豆轻轻搅拌，关火装盘。

鸡肉本身味道已足够鲜美，不使用出汁而只加水烹饪也是非常美味的。

如果想要快速泡发干蘑菇，可放入微波炉里加水加热。

荷兰豆也可以用扁豆来代替。

食材（3 人份）

牛肉片……200g

生姜片……3 片

土豆……4 个

胡萝卜（小）……1 根

洋葱（小）……1 个

扁豆……6 根

煮扁豆的盐……少许

白魔芋丝……1 袋

清洗魔芋丝的盐……少许

色拉油……1 大匙

日本清酒……2 大匙

汤汁

水……400ml

糖……1 大匙

味淋……2 大匙

酱油……3 大匙

步骤和诀窍

预先准备好材料后，提前翻炒扁豆以外的所有食材，以此来保存本身的风味。

将提前翻炒的食材和配料一起炖煮就大功告成了。如果能够将菜肴在锅中放置一会儿，让味道渗透融合，会更加美味。

日式土豆炖肉

把一道日本家常菜做到极致

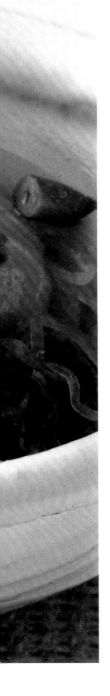

1．准备材料

①土豆去皮后切成4等份。在水中浸泡大约10分钟后把土豆表面的水分擦去。

②胡萝卜去皮后竖着切成4等份，再切成2cm左右见方的块。洋葱竖着对半切，再把洋葱切成宽1.5cm的条状。

③白魔芋丝放到盐里用手搓揉，再用清水冲洗，把洗好的魔芋丝放入锅中。加水到刚刚没过白魔芋丝，开中火加热。待水沸腾后转小火继续加热5分钟左右。关火后把煮好的魔芋丝放到笸箩里滤水，并把魔芋丝切成方便食用的大小。
④扁豆去筋，放入盐水里煮开，待颜色变化后快速捞出，放置于冷水里冷却。用厨房纸擦拭水分后，将扁豆切成3cm的小段。
⑤生姜切丝备用。

2．起油锅和炒肉

①将油倒入锅内，使之均匀覆盖整个锅底（参考本书第9页）。
②再次把锅加热，倒入色拉油。将牛肉和生姜放入锅内用中火进行翻炒。

3．翻炒其他食材

牛肉受热变色后，将魔芋丝、土豆、胡萝卜放入锅内一起翻炒、倒入日本清酒。

4．煮

①加水用大火煮，煮开后把灰水（杂汁）撇出，改用中火煮。

②加入糖和味精后盖上锅盖。

③把½的酱油和洋葱倒入锅中搅拌，盖上锅盖再煮5分钟。之后把剩下的酱油加进去，接着煮5分钟。接着把扁豆加进去煮开。装盘。

（1人份 361kcal）

土豆切好后浸泡在水里可防止慢炖后形状的破坏。

扁豆也可以用荷兰豆来代替。

如果炖煮时以出汁代替清水，会别有一番风味。

鸡翅炖毛芋

鸡肉的鲜味入味于毛芋之中

1. 准备工作

①用刀将鸡翅从翅中与翅尖的关节连接处切开。

③将切好的毛芋放在盆里撒上食盐，用手揉搓。再用流水将盐和黏液冲洗掉。

②用大量的水将毛芋上面的泥冲洗干净，再将毛芋头尾部切除。然后用手捏着毛芋的头尾两头，用刀纵向去除毛芋皮。

2. 翻炒

①将油倒入锅内，使之均匀覆盖整个锅底（参考本书第9页）。

②将锅内多余的油倒出并调至中火，待色拉油加热后将鸡翅放入，两面煎至焦糖色。

③锅内放入毛芋，淋上日本清酒，再倒入出汁并调至大火。待煮沸后调至小火，并将表面的浮沫撇出。

3. 调味、慢炖

①加入糖、味淋和酱油。

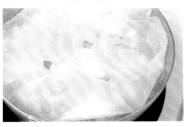

②铺上锅盖（参考本书第9页）后再盖上锅盖慢炖20分钟左右，调至中小火，待毛芋炖绵软即可停火装盘。

（1人份427kcal）

食材（3人份）

鸡翅……6只

毛芋……800g

清洗毛芋的盐……⅔大匙

色拉油……½大匙

日本清酒……3大匙

调味料

出汁……400ml

糖……1大匙

味淋……2大匙

酱油……3大匙

步骤和诀窍

处理完鸡肉和毛芋后，翻炒至散发出香味，再用出汁和其他配料炖煮。

毛芋的表皮部分纤维较多，去皮时要切厚一些。

毛芋的黏液也是美味的一部分，不要去除得过于干净。

鸡肉汁本身已足够美味，所以用水来代替出汁也能做出美味的炖菜。

铺上锅盖后持续焖炖是为了锁住锅内的蒸汽，让食材内部也能煮熟。

食材（3 人份）

南瓜……¼ 个（约 600g）

鸡肉丸

鸡肉泥……200g

大葱的白色部分……5cm

生姜汁……⅓ 小匙

日本清酒……1 大匙

淡口酱油……½ 小匙

生粉……1 大匙

水……2~3 大匙

汤汁

出汁……400ml

味淋、淡口酱油……各 2 大匙

步骤和诀窍

先准备好南瓜再开始制作肉丸。肉丸入锅后
再加入南瓜一起炖煮。煮好后先放置一会
儿，用余热让炖出的鲜味渗入食材内，会更
加美味。

肉丸配南瓜炖菜

味道虽清爽，却有 100 分的满足感

1. 切南瓜

①将南瓜皮洗净，用勺子去除南瓜的籽和瓤。

②将切好的葱和余下的材料倒入盆中，用手搅拌。

②拿出一个大的勺子，蘸水，从鸡肉泥中挖出一块，放在手掌中捏成形。轻轻地放入煮开的高汤中。

③将肉丸全部放入高汤中煮沸，调至小火，去除浮沫后，再煮 2~3 分钟。

②先切出宽约 4cm 的扇形，然后再对半切成边长 4cm 的小扇形块。因为生的南瓜较硬，所以要如图一样用手按着刀背，两头用力，这样切起来会更加容易。

③搅拌到肉馅里没有颗粒，变得黏稠为止。

4. 加入南瓜炖煮

将南瓜从肉丸的边缘放入，铺上简易锅盖（参考本书第 9 页）后，再盖上锅盖慢炖 7~8 分钟，待南瓜变软后关火装盘。

2. 制作鸡肉丸

3. 将肉丸焯水

①将出汁放入锅中煮沸，加入味淋和淡味酱油。

①将葱纵向切成 5mm 宽的细丝，再从一端开始切成细碎的葱末。

不同品种的南瓜，水分和甜味会各有不同。即使完全按照食材的配料来炖煮，也可能煮出不同味道的炖菜。有些南瓜的品种遇火后会易碎，因此炖煮的时间也要根据情况调节。

肉丸本身的肉汁也很美味，因此也可以用水来代替出汁。

食材（3 人份）

羊栖菜（干燥）……60g

猪腿肉（薄片）……80g

胡萝卜……½ 根

扁豆……50g

焯扁豆的盐……少许

色拉油……1 大匙

日本清酒……2 大匙

汤汁

水……100ml

糖……1 大匙

味淋……2 大匙

酱油……2½ 大匙

步骤和诀窍

等待羊栖菜泡发的同时可以准备其他的材料。除扁豆以外的材料煸炒后加盐和调味料烹煮。煮好后先晾一会儿，等入味后再装盘。

炖羊栖菜

加了猪肉，摇身变成一道主菜

1. 泡发羊栖菜

①羊栖菜放在水里清洗。

②浸在水中泡发 30 分钟左右。

③用笊篱将羊栖菜捞出，去除多余的水分，然后切成方便食用的长度。

2. 准备其他材料

①先将胡萝卜去皮，切成长 4cm、厚 3mm 的薄片。再将切好的薄片稍微错开叠在一起，从头开始切成宽 3mm 的细丝。
②扁豆去筋，擦去多余的水分，纵向切成两半，然后切成 3~4cm 的长条。
③猪肉片切成宽 1cm 的肉丝。

3. 翻炒

锅中加入色拉油，待油热后加入羊栖菜和胡萝卜开中火翻炒。待所有材料都均匀翻炒后，放入猪肉炒。至猪肉变色后淋上日本清酒。

4. 调味、炖煮

①锅内加入水、糖、味淋和酱油搅拌均匀。再次煮沸后调至小火。

②盖上锅盖（参考本书第 14 页）炖煮 10~15 分钟。

③加入扁豆搅拌后，关火装盘。

（1 人份 154kcal）

羊栖菜泡发后也可以放入冰箱冷冻保存。

煮熟的材料在冰箱里可以保存 3~4 日左右。如果想冷冻保存，可去掉扁豆进行冷冻保存。

萝卜丝干炖油炸豆腐

挑战美味溢出的干货料理

1. 泡发萝卜丝干

①将萝卜丝干放入水中充分洗净并拧干。

②再重新放入水中充分浸泡，泡发 15~20 分钟。

③用笊篱捞出拧去多余的水分，再切成方便食用的长度。

2. 豆腐去油

锅中水烧开后加入油炸豆腐，煮透后取出（去油）。先纵向对半切开，然后再切成 1cm 厚的豆腐片。

3. 调味、炖煮

①锅中放入干萝卜丝并调至中火，用筷子打散萝卜丝去除其内部的水分。

②加入油炸豆腐干后再倒入出汁，煮开后加入糖、料酒、日本清酒和酱油并搅拌均匀。

③再次煮开后调至小火，并铺上锅盖（参考本书第 9 页）炖煮 12~15 分钟，之后关火装盘。

（1 人份 196kcal）

炖菜

食材（3 人份）

萝卜丝（干）……70g

油炸豆腐……1 块

汤汁

出汁……400ml

糖……1 大匙

味淋……2 大匙

日本清酒……2 大匙

酱油……3 大匙

步骤和诀窍

在泡发干萝卜丝的同时可以进行油炸豆腐的去油工作。等泡发过的干萝卜丝在锅中煎至水分蒸发后再加入出汁和调味料炖煮。煮好后先晾一会儿，等入味后再盛盘。

油豆腐代替油炸豆腐干做出的炖菜也同样美味。

干萝卜丝泡发好后先充分拧干，放入锅中煎炒至水分蒸发得差不多后再加入配料，这样会更加入味。

照烧鲕鱼

肉质鲜美、脂膏丰腴的鲕鱼是非常美味的鱼肉料理

食材（2人份）

鲕鱼块（背部）…… 2块

腌料

{ 日本清酒、酱油 …… 各 ½ 匙
生姜汁 …… 1 小匙
色拉油 …… 1 小匙
日本清酒 …… 1 大匙

调味料

{ 酱油、味淋 …… 各 2 大匙
糖 …… ⅔ 大匙

步骤和诀窍

在腌制鲕鱼时，将所有的配料提前搅拌好备用。煎至鱼肉两面微呈金黄色时，倒入日本清酒，焖煮。最后将配料一次性放入锅内进行焖煮即可。

1. 腌制鲕鱼

在平盘内提前准备好腌料，放入鲕鱼渍 10 分钟左右。在这个过程中，将鱼块上下翻面使味道充分浸入其中。

2. 煎鱼

①将所有配料放入碗内搅拌均匀，备用。
②用厨房纸巾包住鱼块，完全吸收酱汁。

③平底锅内放入色拉油，加热。将装盘时要朝上的一面（鱼皮面）朝下。

④煎至金黄色就可翻面，鱼块两面呈金黄色时用厨房纸将锅内的油吸取干净。

3. 调制汤汁

①鱼的装盘面朝上，洒入日本清酒，盖上锅盖焖 2~3 分钟。
②加入调好的配料。

③不停地用勺子把汤汁淋在鱼块上，慢火小煮。

（1 人份 252 kcal）

鱼是冬天的当季食材。
"寒鲕"的鲕鱼是寒
最好吃的食物。

加入汤汁，便不可再
鱼块。如果觉得汤汁
，可把平底锅稍微倾
勺子把汤汁淋在鱼块

鲕鱼块分为背部和腹部两部分，本书使用的是背部的鱼块肉。如图所示，含有呈三角形且有血丝的部分，就可分辨出是鱼的背部肉。

鲕鱼块在装盘的时候，也可将有鱼皮的一面朝上。鱼排一般是斜切的，分为能看见鱼皮的面和不能看见鱼皮的面，把能看见鱼皮的那一面摆放在上面进行装盘。

食材（2 人份）

鲑鱼（大）…… ½ 条

牛蒡 …… 100g

清洗牛蒡所需的醋 …… 少许

大葱 …… 80g

生姜片 …… 3 片

汤汁

水 …… 100ml

日本清酒 …… 2 大匙

酱油 …… ½ 大匙

糖 …… ⅔ 大匙

信州味噌[1] …… 2 大匙

红味噌 …… 2 大匙

步骤和诀窍

准备好鲑鱼和蔬菜，就可以开始烧煮。将鲑鱼放入带有生姜风味的汤汁里开火烧煮后，加点味噌。为了确保葱的色泽和口感，须在最后加入，只要葱丝热透，即可装盘。

---

1 信州味噌：日本长野县产出的信州味噌。该味噌以色淡著称。颜色浅（发酵时间较短），味道偏淡、偏甜。

味噌炖鲑鱼

放入足量葱丝，对美味的满意度便随之上升

1．提前准备

①鲑鱼切成4小块，在鱼皮面划出浅浅的"十"字刀口。

②用菜刀将牛蒡去皮后，切成薄片（参考本书第48页）。在盆中放入水和醋，静置5分钟，用笊篱将水沥干。

③把葱切成4cm长，生姜切成丝。
④把信州味噌和红味噌进行搅拌后放入碗内备用。

2．烧煮

①将配料和生姜放入锅内，调至中火开煮，汤汁煮沸后依次放入鲑鱼。

②不断用勺子将汤汁淋在鱼上慢慢炖煮。

③鱼块表面色泽开始变化时，在锅中空余处加入牛蒡，铺上锅盖（参考本书第9页），随后盖上锅盖，煮沸之后转为小火慢炖，10分钟左右即可出锅。

3．加味噌

①取出少许汤汁加入味噌拌料进行调和，再回锅即可。用勺子将汤汁浇在鲑鱼上，煮2~3分钟。

②放入葱后盖上锅盖，葱变软后便可关火装盘。

（1人份301kcal）

鲑鱼是秋天的当季食材。人们称这个时期的鲑鱼为"秋鲑鱼"。

书中使用了两种味噌进行调和，这道菜也可以使用其他味噌进行烹饪。或者只使用红味噌进行烹饪，味道也很鲜美。

将切好的姜丝放入水中浸泡捞出后，也可作为此菜肴的点缀。这样一来，味道就会变得鲜醇浓厚，口感更加清爽。

香煎鲑鱼配酱汁

裹上面粉的香煎鲑鱼，口感劲脆，香气十足

食材（2 人份）

生鲑鱼块 …… 2 块

面粉 …… 少许

色拉油 …… ½ 大匙

香味酱汁

酱油……2 大匙

柠檬汁……1 大匙

水……1 大匙

糖……1 小匙

生姜片…… 少许

小葱碎……4 大匙

红辣椒（小）…… 1 根

步骤和诀窍

首先做好酱汁备用。鲑鱼涂上面粉后，迅速放入锅内进行煎制。表面煎至金黄色后，盖上锅盖随即开中火进行烧煮。

1. 提前准备

①制作香味酱汁。切除辣椒头，去掉辣椒籽，用厨用剪刀从头开始剪成小片。

②碗内放入全部食材，并搅拌。

③鲑鱼切成 3~4 等份。

2. 把鲑鱼涂上面粉后煎制

①把鲑鱼涂上薄薄的面粉，轻轻拍打，去掉多余的面粉。

②平底锅内倒入色拉油，加热。放入鲑鱼后煎至两面呈金黄色即可。

③盖上锅盖转至小火，焖煮 2~3 分钟。关火装盘，浇上香味酱汁即可食用。

（1 人份 199kcal）

丁上出售的生鲑鱼的种"白鲑鱼"。一般认为为最佳食用季节。

味酱汁是万能酱汁。可用来配炸鱼块、炸鸡也可以用来做凉拌豆适合多种菜式，十分

尝试在家处理沙丁鱼

沙丁鱼是一种价格实惠，又有丰富营养的鱼。若是能够在家处理沙丁鱼，便可以尝试烹饪多种多样的沙丁鱼料理。在沙丁鱼的处理中，若是只去除鱼头和内脏的部分，可以用来烧、炖、煮；如果将沙丁鱼处理成鱼片，可以用来炸鱼片或者做烤鱼；如果用菜刀剁碎，还可以做成鱼丸。一旦上手就会非常简单。不要害怕，如果想要在家制作美味的沙丁鱼，请尝试自己动手处理内脏。

沙丁鱼

沙丁鱼大致分为 3 种：真鳁、润目鳁、片口鳁。通常市场上卖的就是其中的真鳁。真鳁背部泛蓝光，带有鱼鳞。购买时请选择外观饱满、富有光泽的真鳁。

去除鱼鳞和内脏

①按住鱼头，用菜刀从沙丁鱼的尾部向头部刮除鱼鳞。
②用水清洗残留的鱼鳞，洗净后把水擦干。

③用手按住朝左放置的鱼头，并用菜刀剁去鱼鳍以上的部分，切下鱼头。

去除鱼鳞和内脏时，会产生大量的脏物，这时可以将纸铺在厨台上面进行处理。纸巾推荐使用耐用的烤箱纸。整理好内脏等带腥味的脏物，用烤箱纸包好放入垃圾桶内，就不会产生异味。也可以用报纸或普通的包装纸进行处理。

④把沙丁鱼竖放，如图所示，用菜刀将肚子到泄殖腔斜着切开。

⑤用刀尖刮出内脏。

⑥用流水清洗鱼肚内部。

⑦用厨房纸将水擦干。仔细地擦到鱼肚的最深处。

将鱼身剖开成片

⑧顺着鱼背骨将大拇指滑进，将骨头从肉身分离剥开。

⑨用手按住鱼尾，完全打开鱼身，从尾部往鱼头方向取出鱼骨。

⑩用手轻轻按住鱼身，拿菜刀把鱼的两侧残留腹骨部分，或者坚硬背脊部分斜切掉，尽可能在不碰到鱼肉的情况下取出。这样一来，处理沙丁鱼的过程就结束了。

生姜煮沙丁鱼

让富含油脂的沙丁鱼变得清爽可口

食材（2人份）
沙丁鱼……4条
生姜……½块

汤汁
水……70ml
日本清酒、酱油……各3大匙
味淋……1大匙
糖……½大匙

烹饪方法
①把沙丁鱼的头、鳞片、内脏去掉（参考本书第28~29页），将沙丁鱼切成两段。
②生姜去皮切成薄片，再切成丝。
③将汤汁和生姜放入锅中调至中火，待沸腾后放入沙丁鱼片，摆放时不要让沙丁鱼重叠在一起。
④用勺子将汤汁缓缓浇到沙丁鱼上，当沙丁鱼表面的颜色变成白色后，铺上锅盖（参考本书第9页），随后盖上锅盖，将火转至小火，煮制10分钟左右即可出锅装盘。

（1人份240kcal）

锅中加入配料和生姜，加热后便可将生姜的香味彻底释放出来，这时就可以摆放沙丁鱼了。因为沙丁鱼的皮很容易脱落，要注意下锅时不要让沙丁鱼重叠在一起。

在本菜谱中，既可将一条沙丁鱼分成两份进行烹饪，也可以根据个人喜好将整条沙丁鱼放入锅内炖煮。

沙丁鱼

芝麻味烤沙丁鱼

加入芝麻，香味和口感更加显著

食材（2 人份）
沙丁鱼……4 条

腌制配料
日本清酒、味淋 …… 各 1 大匙
酱油 …… 2 大匙
生姜汁…… 1 小匙
炒黑芝麻 ……2 大匙
南瓜 …… 80g
色拉油 ……适量

烹饪方法
①去掉沙丁鱼的鳞片、鱼头和内脏。
（请参考本书第 28~29 页）。
②搅拌好的腌制配料浇到沙丁鱼上，腌制 15~20 分钟，并进行翻面。
③使用厨用纸擦去沙丁鱼上多余的水分后，将黑芝麻涂满整条沙丁鱼。
④清洗南瓜后不需要去皮，去掉南瓜瓤后，切成 8mm 厚的南瓜片。切好的南瓜片放在灶台的烤架上，表面涂上少许色拉油，用中火烤 5~6 分钟后翻面。另一面也涂上色拉油，根据个人喜好烤至微焦即可。
⑤涂好黑芝麻的沙丁鱼片放到烤架上，用中火烤 5~6 分钟。翻面后同样进行烤制。
⑥将烤好的南瓜和沙丁鱼装盘。

（1 人份 338kcal）

在平底盘上铺上薄薄的芝麻，将沙丁鱼放在上面来回滚动，便可以轻易把芝麻涂满整条沙丁鱼。

沙丁鱼

炒黑芝麻可以用炒白芝麻代替，也可以混合使用。

蒲烧沙丁鱼

沙丁鱼裹上生粉，紧紧锁住味道

食材（2 人份）

沙丁鱼 4 条

腌制配料

日本清酒 …… 1 大匙

酱油 …… ½ 大匙

生姜汁 …… 1 小匙

生粉 …… 2~3 大匙

色拉油、日本清酒 …… 各 1 大匙

调味料

味淋、酱油…… 各 2 大匙

糖…… ½ 大匙

小青椒…… 8 根

炒小青辣椒所需的色拉油 …… 1 小匙

山椒粉 …… 根据个人喜好添加

烹饪方法

①处理沙丁鱼片（参考本书第 28~29 页）。

②在平底盘中放入腌制配料，搅拌备用。

③将配料搅拌备用。

④用厨房纸擦去沙丁鱼上多余的水分，裹上薄

⑤准备烤青椒。在煎锅里倒入色拉油加热。
至略带焦糖色。

⑥再加入 1 大匙色拉油，沙丁鱼按腹部朝下放入锅中。调
至中火烤至正反两面都略带焦糖色。

⑦洒入清酒并盖上锅盖，焖炖 2 分钟。

⑧加入预先拌好的配料后调至小火，用汤勺将汤汁浇到沙
丁鱼上使汤的味道融入其中。收汁后关火装盘，按照个人
喜好撒上山椒粉。

（1 人份 364kcal）

如果生粉裹得太厚，会影响煎烤后
的口感。所以在这个步骤后要将沙
丁鱼拿起来，用手拍掉多余生粉。

这道菜很适合与米饭
起食用，也可以做成盖
饭，还可以配上青紫苏
以及甜醋生姜作为小菜
起享用。

烤沙丁鱼卷紫苏

作为下酒菜最适合不过了

食材（2人份）
沙丁鱼 …… 4 条
梅干（腌）……2 个
青紫苏叶 …… 8 片
色拉油 …… ½ 大匙

烹饪方法
①处理成沙丁鱼片（参考本书第28~29页）。
②去掉梅干核，用菜刀拍打成泥。
③沙丁鱼片平铺在砧板上，将梅肉泥涂在沙丁鱼上。每条沙丁鱼叠上2片紫苏叶。从沙丁鱼的头部开始翻卷，卷好后用牙签固定。
④平底锅开火，倒入色拉油加热。将卷好的沙丁鱼依次放入平底锅中，调至中火煎制3分钟左右。不停翻面，煎制2分钟左右，盖上锅盖后焖烧2分钟即可出锅。

（1人份 246kcal）

根据沙丁鱼片的大小叠放2片紫苏叶，从沙丁鱼的头部开始翻卷。

 沙丁鱼

这道菜即使变冷也依旧美味，非常适合放入便当。

食材（2 人份）

蛋液

　鸡蛋……3 个

　出汁……2 大匙

　味淋……1 大匙

　糖……2 大匙

　淡口酱油……1 小匙

色拉油……1 大匙

萝卜泥……适量

酱油……少许

步骤和诀窍

待出汁冷却后，再制作蛋液。这道菜的诀窍是待玉子烧锅热透以后再倒入蛋液，调至中火，无需担心蛋液烧焦或粘锅，便可以烧出漂亮的玉子烧。

玉子烧

烤制蓬松的玉子烧，让它变成至高无上的美味

1. 制作蛋液

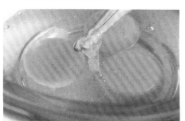

①在盆里打入鸡蛋，用筷子挑出白色的部分（蛋系带）。
②打散鸡蛋，再加入其他配料进行搅拌。

2. 加热玉子烧锅，倒入 ⅓ 的蛋液

①在煎蛋器里涂上色拉油，再用厨房纸擦除多余的色拉油。

②将火调至中火，倒入 ⅓ 的蛋液。

③用筷子挑破蛋液里的气泡。

3. 鸡蛋烧制成蛋卷

①在蛋皮表面变干前，用筷子将煎蛋从外侧朝内翻卷。

②卷好蛋皮后，在玉子烧锅空余的部分用蘸了油的厨房纸涂上色拉油。

③将蛋卷移至煎蛋器的外侧，其他空余部分也涂上油。

④倒入剩余蛋液的 ½，用筷子挑起之前煎好的蛋卷，让蛋液流入蛋卷的下面。
⑤再重复上面的步骤，在未翻卷的蛋皮表面变干前，用筷子将煎蛋从外侧朝内翻卷。微微倾斜玉子烧锅来操作，会更加方便。剩下来的蛋液也按照以上步骤做成玉子烧。
⑥将烧好的玉子烧取出，放在砧板上，切成方便食用的大小。再盛到盘子里，用萝卜泥装饰，淋上酱油便可食用。

（1 人份 197kcal）

如果卷不出好看的样子，可以趁玉子烧还热的时候用拧干的湿布包住蛋卷调整形状，放置一段时间，玉子烧的形状就会变漂亮了。

鸭儿芹、小葱切成的细末或者碎海苔加入蛋液中也能做出不一样的美味。

虾仁汁浇茶碗蒸

爽滑的口感，高级的享受

1. 制作蛋液

①在盆里打入鸡蛋，用筷子打散，搅拌时尽量让筷子不要离开盆底。

②加入出汁、味淋、糖、淡口酱油，再打入鸡蛋继续搅拌，用过滤筛将蛋液滤入准备好的茶碗里。

2. 蒸蛋

蒸锅里加入约茶碗一半高的热水煮沸，当锅内开始产生充足的蒸汽后，将茶碗放入锅内。在放入前用毛巾裹住茶碗外侧。盖上锅盖，将毛巾的两端搭在盖子上。先调至大火蒸 5 分钟，再调至小火继续蒸 15~18 分钟。用竹签插蒸蛋，如果流出的汤汁是清澈的就说明蒸好了。

3. 制作虾仁馅

①竹签剔除虾线，剁成小丁。

②将蟹味菇从根部切成方便食用的大小，个头较大的蟹味菇可以先对半切开。鸭儿芹切成 2cm 长的小段。

③锅里倒入出汁，煮开后加入虾仁，用筷子打散。虾仁变色后加入蟹味菇，蟹味菇变软后再加入其他的虾仁配料并调味。

④待再次沸腾后，将提前搅拌好

的生粉液加入锅中，搅拌勾芡。

⑤在蒸好的蛋里倒上虾仁馅，撒上鸭儿芹。

（1 人份 137Kcal）

如果使用蒸笼，蒸蛋的火候和时间也是一样的。

将毛巾包裹在茶碗下面是为了能方便地将茶碗从锅里放入和取出，也是为了在蒸蛋的过程中使茶碗不碰到蒸锅。

可用鸡肉馅替代虾仁。

鸡蛋

食材（2 人份）

鸡腿肉……2 片

腌制配料

日本清酒……1 大匙

酱油……1 小匙

生粉……3 大匙

油炸用油……适量

香葱酱

葱……½ 根

酱油……3 大匙

醋……1 大匙

糖……1 小匙

山椒粉……少许

步骤和诀窍

鸡肉准备好后先用腌制配料腌一下，同时制作香葱酱。下锅前给鸡肉裹上淀粉，再下锅炸脆。炸透鸡肉，需要花 6~7 分钟。

食材（2 人份）

猪里脊肉（生姜烧专用）……300g

腌制配料

生姜汁 …… 1 小匙

日本清酒 …… 1 大匙

酱油 …… ½ 大匙

色拉油 …… 1 大匙

日本清酒 …… 1 大匙

调味料

酱油 …… 2½ 大匙

味淋 …… 2 大匙

糖 …… 1 大匙

生姜泥 …… 1 片量

生菜叶 …… 4 片

步骤和诀窍

在猪肉腌制入味的过程中，提前准备好配菜和配料备用。这道菜的诀窍是用小火慢慢翻炒，直至猪肉变软即可。

生姜烧肉

烧出鲜味肉汁，品尝它原有的美味

1. 提前准备好腌制猪肉

①用刀纵向切入猪肉，使猪肉断筋，口感更佳。

②处理好的猪肉片放到盘中，腌制10分钟。

2. 提前备好其他食材

①将配料放入小碗中搅拌均匀，备用。

②装盘用的生菜切成3cm左右的正方形。

③生姜去皮后用磨泥器做成泥，备用。

3. 翻炒

①用厨房纸把猪肉片的水分擦拭干净。

②平锅烧热后倒入色拉油，将腌好的肉一片一片平铺在锅中，记得不要重叠放置。调至中火，煎至肉片两面变色即可。随后取出煎好的肉片放入盘内，剩下的肉片也用同样的方法进行煎炒。

肉

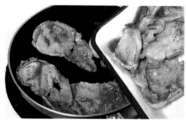

③将所有煎炒好的肉片重新回锅。

④加入清酒和提前搅拌好的配料，中火收汁。

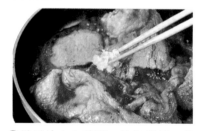

⑤最后放入生姜泥，均匀搅拌。关火装盘，配上生菜。

（1人份 397kcal）

可以用切碎的卷心菜来代替装盘用的生菜。

一道可以装进便当盒的菜肴，这道菜如果使用炸猪排所用的厚肉，会变成和风炸猪排，如使用薄肉片卷生姜丝煎炒，也会非常美味。

猪肉天妇罗

面衣里加入红姜，口感更清脆

食材（2 人份）

猪里脊肉片…… 200g

裹猪肉所需的面粉 ……适量

面衣

面粉 …… ⅔ 杯

鸡蛋 …… 1 个

冷水 …… 100ml

盐 …… ¼ 小匙

小青葱 ……6 根

红姜 ……3 大匙

炒白芝麻 …… 2 大匙

油炸用油…… 适量

青金桔 ……1 个

1. 预先准备

①猪肉片用刀纵向划开，去筋。

②小青葱切碎，红姜切丝备用。

2. 制作面衣

①碗内打入鸡蛋，打散。加入冷水和盐搅拌均匀。

②倒入面粉、红姜、白芝麻、葱碎，用筷子纵向搅拌。如果搅拌太多，面衣就会变得很黏，如图所示，有面粉残留在碗内也没关系。

3. 猪肉裹上面粉，进行油炸

①中火将油加热。（滴一滴面衣到油锅中，能够快速从锅底浮起来的状态即可）。

②将猪肉裹上面粉，仔细拍打。

③用双手拿起肉的两边，然后轻轻地放入，进行油炸。

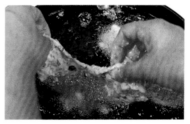

④表面开始变脆，颜色呈金黄色时，翻面，直到两面都呈金黄色即可。沥干油后装盘，加半个切好的青金桔即可食用。

（1 人份 604kcal）

放入面衣的其他配料：可以用碎海苔、腌青菜、拌饭料代替红姜和芝麻。

44

肉

照烧鸡肉丸子

加入裙带菜，口感会更柔和，肉质更加柔软

1. 制作丸子

①干裙带菜泡发后切碎。

②除裙带菜以外的鸡肉丸子配料全部放在碗内，用手混合捏拌。

③加入裙带菜，继续用手捏拌，直到肉末颗粒完全消失，变得黏稠即可。

④把肉馅分为4份，手上蘸点水后，把肉馅揉成椭圆形。

2. 煎炒

①锅内放入色拉油，加热，放入鸡肉丸子。

②开中火，煎至丸子两面呈金黄色即可。

③随后加入清酒，盖上锅盖，蒸煮3分钟左右。

3. 加入配料收汁

锅内倒入预先调至好的配料汁，轻轻转动丸子。同时摇动平底锅，使丸子入味，收汁。关火装盘即可食用。

（1人份 348kcal）

若想用鸡肉丸子来烹制其他菜肴，可以加入出汁变成鸡肉丸子汤，或者直接油炸，制成炸鸡肉丸子。

鸡肉丸子也可以加羊栖菜、木耳，以及松茸来代替裙带菜。

也可以捏成一小口大，当作放入便当的主菜。

肉

46

食材（2 人份）

鸡肉丸子

鸡肉 ⋯⋯ 250g

大葱（切碎）⋯⋯ 4 大匙

生姜汁 ⋯⋯½ 小匙

日本清酒 ⋯⋯1 大匙

淡口酱油 ⋯⋯ 1 小匙

生粉 ⋯⋯ 1 大匙

裙带菜（泡发后）⋯⋯ 50 克

色拉油 ⋯⋯ 1 小匙

日本清酒 ⋯⋯ 1 大匙

调味料

{
酱油 ⋯⋯ ½ 大匙

味淋 ⋯⋯ 1 大匙

糖 ⋯⋯ ½ 大匙
}

步骤和诀窍

在泡发裙带菜的同时准备鸡肉丸子。将所有鸡肉丸子的配料混合，用手捏拌直到黏稠，调整好形状就可以煎烤了。待丸子两面都煎至金黄色，开中火进行蒸煮即可。

基本

基础的基础

蔬菜的切法

蔬菜的切法不仅是为了卖相，
还关系到火候（吸收热量的方式）、口感，和调味料入味的程度、味道等。
在这里我们将介绍在做煮菜、拌菜、汤汁、和风料理时常用到的切法。

切丝	剁末、切碎	切块、切条	斜切

切丝能够让食材清脆爽口。沿着纤维切下便能保持最佳口感。切丝经常被用在紫苏、大葱等蔬菜上。	切碎能使蔬菜的香味更好地散发出来。例如葱末，经常被用作拌菜、作料，全因它能够散发出葱香味。	切块适合用在炖菜、汤等含汤汁的料理中，切条则用于需要快熟的食材、味噌汤的配料，还有炒菜等。为了保持口感，需要沿着纤维切下。	斜切主要用于切牛蒡，有时也会用于切胡萝卜（煮菜拌菜用）。这个切法的特点是不仅保持了口感而且易入味。

胡萝卜按 4~5cm 长度切下，竖放细切约 2mm，如果想切细丝的话还要切得更薄一些。	从一端的 5cm 长处切入 5~6 根（切出细丝）。一般会比需要的量多切一些备用，更加方便。	首先按照长 4~5cm 切下，切块的话竖着切下来，厚度要有 1cm，切条的话则要薄一点。	用炊帚或者菜刀刀背去掉牛蒡的皮。从一头的 5cm 左右处竖着浅浅地切进去。

将胡萝卜片重叠着来切。切丝的话厚度要在 1~2mm 之间。	从一头开始切。因为要切得更小，所以在上个步骤结束后要用左手抵住刀背（刀侧），再上下移动菜刀剁碎。	切块、切条都再按照宽约 8mm 左右来切。	碗中倒水，按照削铅笔的要领削下去。要注意一边旋转手中的牛蒡一边改变削下的口子。削下来的部分就直接让其落入水中。

烹饪的规则

我们常说烹饪中的重点是调味，但实际上水量和火候的控制才是影响味道的关键。
要根据不同的菜肴和不同的食材熟练地控制火候和水量。
另外在烹饪天妇罗、炸鸡块等具有人气的家常菜时，需要注意油的温度。
一起来了解烹饪的基础，不要害怕失败。

火候控制

如果没有正确掌握火候，就会出现炖烂、烤焦、外焦内生这样的失误。因此我们要了解炉火的强度，保持火焰的平衡，还要观察锅内的状态。

水量控制

焯水或煮菜时的要点是水量控制。在食谱中经常出现"浸没"和"覆盖"等形容水量的词汇。我们需要好好地理解、区分和使用它们。当然，水量根据锅子的大小也会不同，这点也需要注意。

切滚刀块

经常用于煮菜、炒菜的切法。有着不易走形、因切口断面面积大容易吸收热量、容易入味的特征。

把蔬菜横置，拿着菜刀斜着切下去，一点一点转动蔬菜改变切口位置，继续切。把菜刀放在上一个切口的中间。如果是切胡萝卜、莲藕等比较粗的蔬菜，先竖着切成两等份，再滚刀切成需要的大小。

大火

火焰紧紧地贴着锅底的状态。但是如果锅子周围的火焰比锅底还要大的话，就是火太大了。
在煮或者蒸的时候要以食材的翻滚为判断锅内状态的标准。

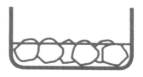

浸没

使食材的¼或者⅓露出水面的状态。在煮鸡肉、蔬菜等不需要太多水分的食材时会用到。

中火

火焰的尖端若有若无地接触锅底。判断的标准是食材在慢慢地摇摆。

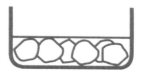

覆盖

水量刚刚盖住食材的状态。例如煮水煮蛋、豆干等需要吸收水分的食材时使用。

小火

火焰是离开锅底的。判断的标准是锅中的食材小幅度摇摆。

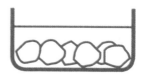

完全浸没

食材完全沉在水中的状态。经常用于煮汤，加大量水以去除肉的浮沫等。

微波炉的加热时间

微波炉不仅可以用于加热饭菜，还可以用于蔬菜的焯水、去除豆腐的水分等。大部分微波炉的加热功率是500w。但是根据机型的不同，功率会有强弱。也有600w、700w的大功率微波炉。使用的时候要根据功率来调整加热时间。
这本书里的微波炉加热是以500w为标准的。如果是使用600w，则是乘以0.8倍时间，400w是乘以1.2倍的时间。

烹饪前你需知道的基础

关于计量

料理的调味中不可或缺的是调料和出汁的计量。起初在做菜时，要按照食谱试着精确地测量，渐渐地习惯以后，可以参照食谱的分量表调整盐和糖的用量，就可以做出家的味道。因此，在初学时期，请学会正确的计量方法。

大匙每匙 15ml
小匙每匙 5ml
计量匙基本上都是成套卖的。尺寸上也有细微的差别。刻度除了大匙、小匙以外还有 ½ 大匙、½ 小匙等更加精细的刻度。如果学会使用的话，会非常便利，但也要注意不能疏忽大意。

少许
食谱中常出现"少许"的分量，这个量度大概是⅓小匙。和拇指、食指、中指捏着（少量）是相同的分量。

计量方法
在量杯中倒入出汁或水后，水平放置，从正侧面读刻度值（读数）。注意从上俯视、从下仰视时的读数都不能算作正确的计量。

正确的计量方法
酱油等液体的最大测量限度为液体溢出之前的计量匙中的量。计量盐或糖的标准为它们与计量匙的边缘同高同平的状态。一般会用工具来刮平，一般在计量匙中会附带刮平的木棒。

一杯是 200ml
大部分的量杯容积为一杯 200ml，但也有 250ml、500ml 的带柄的类型。使用量杯前要确认容量。（起初大多食谱以 cc 为单位，现在渐渐变成以 ml 为单位）

量米杯（合）
关于量米杯，一杯为大米的单位"合"。用容积单位换算就是 180ml。因为根据食谱，米的分量也会有所不同，所以要注意是否使用量米杯。

调味料的二三事

当我们去买调味料时，会发现仅食盐就有很多种类，常常让人感到困惑。
因此我们要熟知每种调味料的特征，要选用起来方便的、适合料理的、符合不同菜肴特色的调味料。

盐

在烹饪中最能够左右菜肴是否美味的调味料就是盐。它也是最基本、最重要的调味料。因此要注意正确地计量食盐用量。现如今，我们可以买到全世界各地的食盐，它们分为精制盐和粗制盐。右侧将会介绍这两类食盐的特点。

精制盐

精制盐，由原盐去除不纯物并精制而成，氯化钠含量极高的盐，也如同日文字面意思是"很咸的盐"。大多精制盐中加了除湿剂，因此质感干燥、颗粒鲜明。精制盐易溶于水，所以不仅可以用在需要加热的料理中，也可用于凉拌菜的调味。

粗盐

将海水浓缩形成的盐再一次溶解，过滤掉沙子灰尘，再结晶得到的产物就是粗制盐。因为并没有完全精制，不仅有氯化钠还有氯化镁、碘等矿物质，同时它本身就含有鲜味。比起精制盐口味会淡一点，因此在使用时记得要把握用量。

酱油

以大豆为原料制成的传统调味料。大致可分为浓型和淡型。酱油放置的时间越长味道就会越淡，风味也会流失。如果想要长期保存，可以用小容器分装，并放到冰箱里。

浓口酱油

如果没有特别标记的话，酱油基本都是浓口，颜色越深，香气越足。主要用于照烧、红烧、刺身等。

淡口酱油

淡口酱油颜色较浅，多用于不希望上色的的煮食、盖浇饭、汤等菜肴。和浓口酱油相比，虽然颜色较浅，但盐分不比浓口酱油低，使用时要控制用量。

糖

比起法国料理和意大利料理，糖在和式料理中经常用到。根据精制程度，糖的颜色从白色到茶色不等。糖就算过了保质期（最佳赏味期）也不要紧。但因为味道容易流失，且容易吸收湿气，所以要保存在密闭容器中。

上白糖

常见的上白糖精制度高，颜色呈雪白色。因为没有特殊的气味，又易溶解，因此能够用在任何料理中。

三温糖、黍糖

比上白糖精制度低但含有矿物质的糖类。颜色呈褐色、具有独特的香气，比起口味偏淡的菜肴，三温糖和黍糖适合用于味道厚重的料理。

醋

以米、杂粮、果实为原料发酵制成的调味料。可以为料理添加酸味、去除牛蒡和莲藕等蔬菜的涩味，还能防止蔬菜变色。
打开盖子长久放置的话，风味会流失，颜色变黄，因此推荐放到冰箱里保存。

米醋

以米为原料的醋。没有冲鼻的酸味，有着醇和的味道。经常用在寿司、凉拌菜中。

谷醋

用小麦、米等两种以上的谷物为原料制成的醋。谷醋本身没有特殊的气味，所以是不论何种料理都能够使用的万能选手。其价格便宜，经常用来去除蔬菜的涩味。

调味料的"sa、shi、su、se、so"

在制作煮食的时候，调味料按照"sa、shi、su、se、so"的步骤来放。sa 是指砂糖（さとう，satō）。首先要让食材有甜味，让味道变得柔和才好吸收其他调味料的味道。shi 是盐（しお，shio），su 是醋（す，su），se 是酱油（せうゆ，seuyu），so 是味噌（みそ，miso）。

不要忘记品尝味道

即使完全按照食谱上计量食材制作料理，也会因食材的状态、锅的大小、火候大小而在味道上产生微妙的区别。加上每个人的味觉都是不同的，正所谓众口难调。对味道影响最大的是盐。如果咸了的话，是很难修正的。因此在烹饪时要记得时常检查咸淡，来找出属于自己的味道。

出汁二三事

以出汁作为主要调味的日本料理有汤、炖菜、焖饭、拌菜等等，出汁可以说是日本料理中最重要的高汤之一。全世界的汤汁中，日本的出汁以制作简单闻名。花些功夫自制出汁，便可以摇身成为和风料理专家了。

制作"万能出汁"

一般常见的出汁的制作方法是阶梯式的，分第一次、第二次取汁等。在这里介绍的是一次制成的就能应用于各种菜肴的出汁。不管是用作清汤、味噌汁，还是用于炖菜或其他料理，都能轻松驾驭，非常方便。

材料（4杯量）

昆布（边长 5cm 的方形）……2 张

木鱼花……20g

水…… 4½ 杯

把昆布放入水中浸泡 1 小时左右。昆布上沾着的白色粉末带有鲜味，一般不需要清洗，可直接浸泡。

开中火，在水沸腾前把海带捞出。如果昆布炖煮太久会把原有黏性染到汤汁中，注意不要煮太久。如果赶时间的话，可以从浸泡的步骤开始用弱火加热，慢慢引出鲜味。

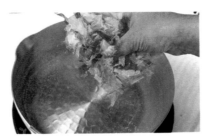

取出昆布，煮开后加入木鱼花[1]，调至小火炖煮 1 分钟。

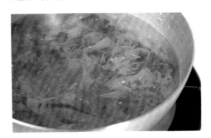

关火放置。浮在表面的木鱼花沉下去后，放入滤网内进行过滤。

出汁的保存方法

出汁倒入密闭瓶中，放入冰箱可保存 2 天。如果分开储存，便能随时制作拌菜、汤、煎蛋卷了。如果放入冷冻保存，可放置 1 个月左右。

使用市面贩卖的出汁的窍门

根据厂商的不同，盐分、浓度会有不同。因此在烹饪时，要少量添加并品尝咸淡来调整口味。另外在烹饪鱼、肉、油炸豆腐等本身含有鲜味的食材时，在关火前添加出汁便会有提味的效果。

---

1 木鱼花：鲣鱼干刨成碎片后被称为木鱼花。木鱼花是日本料理中不可缺少的配料，例如用来制作出汁（日本海鲜高汤）、拌菜、炒菜等。

简单出汁使用法

接下来介绍几种简单又巧妙的出汁制作诀窍。这些小窍门可以在时间紧张、不想储存、想制作少量出汁时派上用场。

用剩下的木鱼花来做一道菜

有一种菜叫作"蔬菜炖木鱼花"，因此不要扔掉制作出汁的木鱼花，可以放入其他食材一同炖煮。例如扁豆、白菜、土豆、蘑菇等都可以烹饪出一道好吃的炖菜。

把"出汁包"放进去一起煮

为了省去取出汁的时间，在市面上可以购买到叫作"出汁包"的东西。在烹饪时锅内放入出汁包、木鱼花和食材炖煮即可完成。出汁包适合于重口味的炖菜。

用微波炉加热取出汁

在制作凉拌菜、烫拌青菜等，只需要少量出汁时，推荐使用微波炉加热取出汁。在耐热的容器里放入水和木鱼花，用保鲜膜密封并加热 1 分钟。待冷却过滤后即可使用。这样不仅缩短时间，又减少了制作成本。

这些配菜可以解决你今天的难题

"虽然决定了主菜，
但是还没想好配菜做什么。"
每天动脑筋搭配主菜、配菜
不是件简单的工作。
今天开始，
这些烦恼统统都不会再有了——
下面我会介绍以蔬菜为主的配菜。
所用到的食材，有些是每家的冰箱里
常备的，
有些是便宜又随
处可见的青菜。
请再做一道配
菜，以此来丰富
今天的餐桌吧。

凉拌小松菜

学会这道菜，便掌握了焯煮青菜的诀窍

食材（2 人份）

小松菜 …… 200g

焯小松菜所需的盐 …… 少许

出汁 …… 140ml

味淋 …… 1 大匙

淡口酱油 …… 1 大匙

木鱼花 …… 少许

1. 从小松菜根部切入

小松菜洗净，从根部切入，先竖切一刀，再按"十"字形切一刀。

2. 焯煮油菜

将少许的盐加入沸煮的热水，并将⅓的小松菜（根部）放入锅内，进行焯煮。

从小松菜的根部到菜叶均匀放入锅内焯煮。剩下的小松菜分两次进行焯煮。

3. 沥水

捞出焯煮完的小松菜，放入笊篱内（尽可能平整摊放），沥干水分。

4. 小松菜浸泡在出汁里使其入味

①方盘内倒入出汁、味淋、酱油，搅拌均匀，趁小松菜还有余热，放入方盘内腌制。

②直至盘内的小松菜冷却后，轻轻地捏挤小松菜，将水控干，用菜刀切成 3~4cm 的长度即可。装盘后，倒入刚刚在方盘内的出汁，用木鱼花点缀。

（1 人份 45kcal）

焯小松菜的要点是在最短时间内煮熟小松菜。通常来说，最好的方法就是准备一口大锅，加入大量的水，进行焯煮即可。如果使用家里平时的炖锅，可以分几次焯煮，也是一种方便的做法。

除了小松菜，还可以选择菠菜、茼蒿等青菜。配料和烹饪方法是一样的。

青菜

凉拌菠菜

营养丰富，使用黑芝麻也一样美味

食材（2人份）

菠菜 …… 200g

焯煮菠菜所需要的盐 …… 少量

配料

白芝麻 …… 3大匙

糖 …… ½ 大匙

酱油 …… 1大匙

出汁 …… 2大匙

拌料内加入出汁后，味道会更加浓厚，口感也会更柔和。因加入出汁后拌料的质地会更加醇厚，与菠菜一同食用是极佳的搭配。

烹饪方法

①将菠菜洗净，菠菜根部相对，用菜刀先竖切一刀，再按"十"字形切一刀。

②锅中放水煮沸，加盐，放入菠菜，烫软煮熟后迅速捞出，放入冷水中过一下。控干水分后用刀切成3cm左右的长度即可。

③制作菠菜拌料。往钵子内加入芝麻并磨碎（稍微留一点颗粒感，口感更佳），并加入½ 大匙糖，1大匙酱油，2大匙出汁混合搅拌。

④搅拌盆内放入菠菜、拌料进行凉拌，装盘。

（1人份 120kcal）

小松菜快炖油豆腐

不费时、可以快速上菜的人气担当

食材（2人份）

小松菜 …… 300g

油豆腐 …… 1块

出汁 …… 200ml

味淋 …… 2大匙

淡口酱油 …… ½ 大匙

这道菜的关键是，先炖煮油豆腐，使其入味，再放入小松菜。迅速开火，盖上锅盖蒸煮即可。

烹饪方法

①首先将小松菜洗净，从小松菜根部相对切两刀，用菜刀先竖切一刀，再按"十"字形切一刀。切成3等份备用。

②锅中放水煮沸，放入油豆腐，烫软煮熟后迅速捞出放在笊篱内，待余温消除后，挤净水分，将其竖切为两半，再依次切成宽度2cm左右。

③锅中放入出汁和油豆腐进行蒸煮，倒入味淋、酱油进行调味。

④炖煮2分钟后放入小松菜轻轻搅拌，盖上锅盖，蒸煮大约3分钟后，关火装盘。

（1人份 114kcal）

味噌凉拌卷心菜

加一点七味唐辛子 ，增加菜肴的的辛辣和香味

食材（2 人份）

卷心菜叶 …… 250g

卷心菜所需的盐…… 少许

配料

味噌 …… 2 大匙

糖 …… 1 小匙

水或出汁 …… 1 大匙

七味唐辛子（调味辣椒粉）…… 少许

烹饪方法

①为了食用方便，将卷心菜切成 1cm 左右宽度。

②将配料放入碗内进行搅拌，备用。

③锅中加入少量的水，煮至沸腾后，加入盐并放入卷心菜。轻轻搅拌后盖上锅盖，蒸煮 2~3 分钟，捞出并放入笊篱内，待余温消除后，挤净水分。

④在碗内放入挤净水分的卷心菜、配料并拌匀，装盘即可。

（1 人份 61kcal）

焯煮卷心菜时，锅内只需放入少量的热水，盖上锅盖蒸煮即可。这样不仅仅能够缩短煮开水的时间，也能够快速蒸干水分，保留卷心菜原有的嚼劲。

蒸煮卷心菜和圆筒鱼饼

圆筒状鱼饼，是朴素的味道，不禁让人怀念过去

食材（2 人份）

卷心菜叶 …… 300g

圆筒鱼饼（小）…… 2 根

色拉油 …… 1 大匙

水或出汁 …… 140ml

味淋、淡口酱油 …… 各 1 大匙

烹饪方法

①将卷心菜切成 4~5cm 宽的方块。

②将圆筒鱼饼斜切成 1cm 厚度。

③锅中放入色拉油，加热，调至中火翻炒卷心菜。

④加入圆筒鱼饼一起翻炒，倒入水或出汁 。随后倒入味淋和淡口酱油进行调味，盖上锅盖，调至中火煮 8~10 分钟，煮至卷心菜变软即可关火装盘。

（1 人份 159kcal）

在煮卷心菜前，如果下锅翻炒，则味道会更好。

卷心菜

蒸煮土豆和金枪鱼

甜咸味的金枪鱼遇上土豆，怎一句"美味"了得

食材（2 人份）

土豆 …… 3 个

金枪鱼罐头 …… 1 罐

色拉油 …… ½ 大匙

日本清酒 …… 1 大匙

水 …… 100ml

味淋 …… 1 大匙

糖 …… 1 小匙

酱油 …… 1 大匙

这道菜的要领是翻炒土豆时要充分吸收色拉油，这样不仅提香，还可以缩短烹饪时间。

烹饪方法

①土豆削皮，切成相同大小的 4 块，放入水中浸泡 10 分钟，捞出控干水分。

②撇去金枪鱼罐头的油。

③锅中倒入色拉油，加热，开中火翻炒土豆。

④待土豆充分吸收色拉油，加入金枪鱼、清酒、水，煮至沸腾后加入味淋、糖，盖上锅盖，用小火煮 10 分钟。

⑤最后加入酱油煮制 5~8 分钟，煮至土豆变软，即可关火装盘。

（1 人份 303kcal）

土豆丝火腿沙拉

土豆丝的香脆口感配上火腿，是一道全新的和风料理

食材（2 人份）

土豆（大）…… 2 个

里脊火腿片 …… 2 片

和风色拉配料

醋 …… 3 大匙

糖 …… ½ 大匙

淡口酱油 …… 1 小匙

盐 …… ½ 小匙

出汁 …… 2 大匙

土豆

水中浸泡土豆丝是为了漂去淀粉，使口感更加爽脆。焯煮时请注意时间不要太长。

烹饪方法

①土豆削皮，切丝。也可以使用专门的刨丝器。放入水中浸泡 1~2 分钟。

②将火腿切成丝。

③碗内倒入所有和风色拉配料，备用。

④捞出土豆丝放入笊篱内沥水，锅里煮好热水后进行焯煮，再一次捞出放入笊篱内控干水。

⑤调好的色拉配料放入碗内，倒入沥好的土豆丝搅拌，加入火腿，再次搅拌，装盘。

（1 人份 168kcal）

烤茄子

可以作为款待亲朋好友的小菜

食材（2 人份）

茄子…… 4 根
生姜泥 …… 少许
木鱼花 …… 少许
酱油 …… 少许

烹饪方法

①用菜刀在茄子的蒂上划一圈痕。

②将铁丝网搭在煤气台上，将茄子依次放面，开大火进行翻烤。

③在烤制的过程中要时刻进行翻面，烤茄子表皮如黑炭一样为止。

④放入凉水中，待余热消除时，去皮。排放入盘内，放入冰箱冷藏。

⑤用刀切掉茄蒂，为方便食用，竖切后盘即可。放一点生姜泥和木鱼花作为点缀，淋上酱油即可食用。

（1 人份 37kca）

如果茄子表皮已经全部烤焦的话，如图所示，简单把皮剥掉即可。同时，放入水中的时间越短越好。反之，若就这样放置水中不管的话，茄子就会变得很有水分。

茄子剥皮后放入冰箱里冷藏保存就好。用保鲜膜打包好，放入冰箱内。食用时，拿出来自然解冻即可。

味噌炒茄子

茄子配上甜味味噌

加一点辛辣味，味道复杂且富有层次感

食材（2 人份）

茄子 …… 4 根
色拉油 …… 3 大匙
红辣椒 …… 1 根
红味噌 …… 2 大匙
糖 …… ½ 大匙
酱油 …… 1 小匙
炒白芝麻 …… 少许

茄子

烹饪方法

①茄子取蒂，按照条纹状去皮，切滚刀块（参本书第 49 页）。浸水约 10 分钟，捞出沥干备用

②用厨房剪刀把辣椒去蒂，取出辣椒籽，切成碎段。

③锅中倒入色拉油，开火加热，放入茄子，调中火翻炒，炒软为止。

④加入辣椒、味淋、糖、酱油，继续翻炒。

⑤盖上锅盖，调至小火，继续炖煮茄子直至充分吸收配料，变软。关火装盘，撒上芝麻即可食用。

（1 人份 263kca）

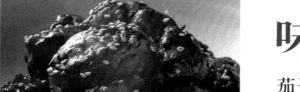

这道菜的要领在于，翻炒茄子时让茄子充分吸收色拉油。这样不仅茄子的色泽好，口感也会变好。充分吸收油分的茄子也会为菜肴增添香气。

甜辣藕块

使用芝麻油，增添香气

食材（2 人份）

莲藕（大）……1 节（250g）

浸泡藕片使用的醋……少许

红辣椒（小）……1 根

芝麻油……1 大匙

出汁……100ml

调味料

味淋、酱油……各 2 大匙

糖……½ 大匙

烹饪方法

①莲藕去皮后切成 4 等份（剖面为扇形），切成小的滚刀块（参照本书第 47 页），在加入醋的盘中浸泡 5 分钟，沥干水分，用厨房纸巾擦拭。

②锅内倒入芝麻油开火加热，将藕块、红辣椒倒入锅内用中火进行翻炒。

③待藕片炒熟后，倒入出汁和配料翻炒，盖上盖子后炖煮 6~8 分钟，其中要偶尔看一下锅内的状况，避免糊锅。关火后可盛盘享用。

切成 4 等份的藕条要边切边转，入刀时要斜面切入，即是滚刀块的切法。

藕片焯水时，要仔细观察藕片的颜色。煮到半透明时快速捞出沥干。藕片煮太久会影响口感，为了保持原有的鲜脆，要把握好火候，快速捞出。

凉拌酸甜藕片

加入油豆皮来增添口感和美味

食材（2 人份）

莲藕（中）……1 节（150g）

浸泡藕片使用的醋……适量

油豆皮……1 张

拌菜配料

醋……3 大匙

水或出汁……2 大匙

糖……1 小匙

盐……⅓ 小匙

烹饪方法

①莲藕去皮，对半切（剖面为半圆），切成薄片。在加入醋的盘中浸泡 5 分钟，沥干水分，用厨房纸巾擦拭。

②锅内加水加热，将油豆皮进行焯水，捞出。待常温后控干水分，切成丝。

③将拌菜配料放入碗内进行搅拌，备用。

④锅内加水煮沸，将藕片焯水，捞出后沥干水分。

⑤趁热将藕片与拌菜配料进行搅拌，最后加入油豆皮混合搅拌，待常温后装盘即可。

藕

（1 人份 99kcal）

甜炒青椒

芝麻风味，既可以配饭也可以当下酒菜

食材（2人份）

青椒……8个

红辣椒……1根

色拉油……1大匙

出汁……4大匙

味淋……1大匙

酱油……½大匙

炒白芝麻……少许

烹饪方法

①青椒对半切开，去除蒂和籽。然后斜着切成宽1.5cm的细条。

②将红辣椒用厨房剪刀去蒂，去籽，剪碎。

③锅内倒入色拉油，待油热后放入青椒和红辣椒调至中火翻炒。

④待青椒充分吸收色拉油后，倒入出汁，煎炒至青椒变软。

⑤装盘，撒上白芝麻。

（1人份98kcal）

斜着用刀切成一口的大小，每一块的大小相同，才能受热均匀。

青椒鲣鱼干拌菜

香气扑鼻的青椒，点燃你的味蕾

食材（2人份）

青椒……6个

红甜椒……2个

焯甜椒用盐……少许

鲣鱼干（5g装）……1袋

酱油……1大匙

烹饪方法

①将甜椒纵向对半切开，去蒂去籽。再纵向切成细丝。

②锅中倒入水，待煮沸后加入食盐，将青椒焯水，变软后用笊篱捞出过冷水，沥干。

③沥干的青椒倒入碗中，加入鲣鱼干和酱油凉拌，装盘即可。

（1人份42kcal）

为保留青椒的口感，下刀时要沿着纤维纵向切成细丝。

青椒

蘑菇炒明太子

鲜美的明太子，不需要多余的调味料

食材（2人份）

蟹味菇、香菇等菌类……300g

橄榄油……2大匙

大蒜……1瓣

白葡萄酒……1大匙

辣味明太子（小）……1块

小青葱……适量

一块明太子是由薄膜包裹着的两部分组成的。薄膜的切口处用刀划开，再将明太子刮出来。

烹饪方法

①蟹味菇切除末端后，切成方便食用的大小。如果使用香菇，去除末端，从中心直接切成4等份。

②大蒜去皮切成薄片。

③纵向将明太子的薄膜划开，用刀刮出明太子。

④小青葱切成细末。

⑤平底锅中倒入油和大蒜，开小火慢慢翻炒。

⑥等大蒜变为金黄色后加入蟹味菇调至中火翻炒。蟹味菇变软后，倒入白葡萄酒炖煮，再倒入明太子翻炒。蘑菇入味后装盘，撒上青葱碎。

（1人份 182kcal）

梅子味金针菇拌菜

使用白葡萄酒蒸煮，风味绝佳

食材（2人份）

金针菇……2袋

白葡萄酒……1大匙

盐……少许

凉拌配料

梅干（腌制）…2颗

味淋……1小匙

淡口酱油……少许

青紫苏叶……2张

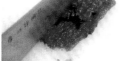

梅干去核后，先粗粗地划几刀再细细剁碎会更加方便。

烹饪方法

①金针菇从袋中取出，切掉根部，清洗拆开后放入锅中。倒入白酒和盐后开中火，待煮沸后调至小火盖上锅盖。蒸煮3分钟后，捞出，除去多余水分。

②梅干去核，剁碎倒入盆中，加入味淋和淡口酱油。

③将②中调制好的配料加入金针菇中，充分拌匀。盛到盘子里，用切碎的紫苏叶点缀。

（1人份 30kcal）

蘑菇

味噌肉末炒豇豆

一道吃不腻的家常配菜

食材（2人份）

豇豆……150g

猪肉末……100g

色拉油……½大匙

日本清酒……1大匙

味噌……2大匙

味淋……1大匙

糖、酱油……各1小匙

水……80ml

烹饪方法

①豇豆去蒂，对半切开。

②中式炒锅里倒入色拉油，加入肉末打散，开中火翻炒。

③肉变色后倒入豇豆翻炒，撒上清酒，加入味噌翻炒。

④加入味淋、糖、酱油和水，盖上锅盖焖煮8分钟左右，即可关火装盘。

（1人份 188kcal）

先炒肉末再加入豇豆，肉末用木质炒铲炒散。

豇豆沙拉

法式色拉酱遇上日式芝麻风味

食材（2人份）

豇豆……150g

焯水用盐……少许

西红柿……½个

法式色拉酱……4大匙

盐、胡椒、炒白芝麻……各少许

烹饪方法

①豇豆去蒂，在烧开的热汤里加入盐，将豇豆焯水至颜色变得鲜亮。过冷水，擦去多余水分，再纵向对半切开。

②将西红柿切成1cm的方块。

③把豇豆盛入盘中。零散地倒上西红柿，撒上法式色拉酱、盐、胡椒和炒芝麻。

（1人份 108kcal）

豇豆对半切开的话更容易入味，口感也更温和。

豇豆

涮猪肉拌黄瓜

一道美味又爽口的和风沙拉

食材（2 人份）

猪肉片（涮肉用）……100g

香味蔬菜（大葱青色部分、生姜皮等，看个人爱好）……
　　适量

黄瓜……1 根

法式色拉酱……4 大匙

盐、胡椒……各少许

烹饪方法

①在烧开的热汤里加入香味蔬菜，猪肉一片一片放入锅内。等肉变色后快速捞出，等变凉后再切成方便食用的大小。

②黄瓜对半切开，用刀或削皮工具切成薄片。将大葱纵向对半切开，再斜着切成薄片，过冷水后用笊篱捞出，去除多余水分。

③盆里放入猪肉、黄瓜、大葱、法式沙拉酱、盐和胡椒，搅拌和调味后盛到盘子里。

（1 人份 205kcal）

如果猪肉不摊开来涮，煮熟后会变硬，且想再拆开就很难了。所以即使麻烦，也要一次一片地展开来焯水。

辣味章鱼拌黄瓜

当和风沙拉遇上一味唐辛子

食材（2 人份）

焯水过的章鱼脚……100g

黄瓜……2 根

拌菜配料

色拉油、淡口酱油、醋……各 1 大匙

一味唐辛子粉[1]（日本辣椒粉）……少许

烹饪方法

①章鱼脚和黄瓜切成 1cm 的小块。

②配料预先搅拌，倒入切好的章鱼脚和黄瓜，均匀搅拌后盛到盘内。

（1 人份 113kcal）

1　一味唐辛子：是日本调味料中的一种，指单一的干辣椒粉。

章鱼脚宽的部分可从纵向切成边长 1cm 的小块。黄瓜和章鱼脚要尽量切成大小一致，这样会大大提升口感。

黄瓜

味噌汤

在日本料理中，米饭和味噌是经典搭配。

味噌汤的配料可以是蔬菜或海带等，根据不同食材的组合而发生改变。偶尔也可以做成豚汁汤等，添加汤汁的分量和饱腹感。

不同的地区，味噌汤的原料、口味和颜色都各有不同。如果在家制作味噌汤，可以慢慢摸索和尝试，找出适合自己的口味的味噌汤。味噌酱的原料为大豆，制成对人们健康有益的天然酱，是日本餐桌上不可缺少的调味料之一。

萝卜和油豆皮

食材（2人份）

白萝卜……200g（约6cm长）

萝卜叶……少许

油豆皮……½张

出汁……400ml

味噌……2大匙

烹饪方法

①白萝卜去皮，切成长3cm的萝卜条。再切成纵向8mm厚，3mm宽的小萝卜条。（参考本书第48页）

②将萝卜叶切碎。

③油豆皮放入热汤中焯水，再用笊篱捞出，待常温不烫手后拧干，用刀对半切开，再切成宽6mm的细条。

④锅中加入出汁、白萝卜和油豆皮开中火，煮沸后调至小火，盖上锅盖炖煮。白萝卜煮软大约需要8分钟。

⑤味噌放在勺子里，慢慢地搅拌并融入汤中，撒上萝卜叶。再次煮沸后即可关火。

（1人份75kcal）

味噌在煮开的时候是最最美味的，所以加入味噌的时机是关键。

不同品种的味噌中所含盐量也不同。首先要自家味噌的咸度，根据口味调节用量。

味噌可以搭配两、三种合使用，会更加鲜美。

各种配料的味增汤

豆腐和海带

食材（2人份）

绢豆腐……½ 块

海带（泡发）……20g

大葱……3cm

出汁……400ml

味噌……2 大匙

烹饪方法

①豆腐和海带切成方便食用的大小，葱切成薄片。

②锅内倒入出汁，待出汁沸腾后放入豆腐和海带，再次煮开后放入味噌，使其充分溶化。撒上葱花后即可关火，盛到碗里。

（1人份 79kcal）

蛤蜊

食材（2人份）

蛤蜊（带壳）……300g

出汁……400ml

日本清酒……½ 大匙

味噌……2 大匙

胡葱……少许

烹饪方法

①将蛤蜊放在与海水类似的盐水里（分量外）吐沙30分钟。

②胡葱切碎备用。

③锅中加入蛤蜊、出汁和清酒，调至中火，待沸腾后调至小火，捞除杂质。然后盖上锅盖煮到蛤蜊贝壳张开为止。

④倒入味噌搅拌至煮开。关火盛到碗里。

（1人份 65kcal）

土豆和韭菜

食材（2人份）

土豆（大个）……1 个

韭菜……30g

出汁……400ml

味噌……2 大匙

烹饪方法

①将土豆去皮，4 等分后再切成厚1cm 的小块（切面为扇形）。泡水5 分钟后捞出，去除多余水分。

②韭菜切成3cm 的长条。

③锅里加入出汁和土豆，开中火煮沸后盖上锅盖调至小火。将土豆煮软大约需要10 分钟。

④加入韭菜，煮软后融入味噌，待沸腾后等待片刻便可关火盛到碗里。

（1人份 94kcal）

芜菁

食材（2人份）

芜菁（小，带叶）……2 个

出汁……400ml

味噌……2 大匙

烹饪方法

①芜菁在茎的1cm 处将叶子切除。去皮后切成厚1cm 的扇形。叶子切成2~3cm 的长度。

②锅里加入出汁和芜菁开中火，沸腾后调至小火再盖上锅盖炖煮。芜菁煮软大约需要8 分钟。

③加入叶子，等煮软后融入味噌。再次煮开后可关火，盛到碗里。

（1人份 42kcal）

菌类和纳豆

食材（2人份）

蟹味菇、金针菇等菌类……100g

纳豆……50g

出汁……400ml

味噌……2 大匙

小青葱……少许

烹饪方法

①蟹味菇切除根部，折成方便食用的大小。

②纳豆用刀切碎备用。

③小葱切碎备用。

④锅里加入出汁开中火煮沸，再将蟹味菇倒入，煮到变软为止。

⑤将味噌溶入后加入纳豆，关火后盛到碗里。

（1人份 84kcal）

根茎类蔬菜

含大量的根茎类蔬菜，从内而外地温暖身体

食材（2~3 人份）
主料
猪肉薄片……100g

白萝卜……200g

胡萝卜……⅓ 根

毛芋……4 个

搓洗毛芋用盐……1 小匙

牛蒡……40g

清洗牛蒡用醋……少许

蟹味菇……½ 袋

油豆皮……½ 张

出汁……800ml

日本清酒……2 大匙

味噌……3 大匙

葱……4cm

烹饪方法

①猪肉切成长 3cm 备用。

②白萝卜去皮后纵向 4 等分，再切成宽 8mm 的小块。胡萝卜去皮后纵向 4 等分，再切成宽 5mm 的小块。（扇形）。

③毛芋去皮，切成宽 6mm 的小块。大个的可以先纵向对半切开。用盐揉搓后用水冲洗，再去除多余水分。

④牛蒡削皮，斜切（参考本书第 48 页），在加了醋的水里浸泡 5 分钟后去除多余水分。蟹味菇切除末端，拆成方便食用的大小。

⑤油豆皮在热汤里焯水后用笊篱捞出，待常温不烫手后拧干，纵向对半切开后从头切成宽 8mm 的细条。

⑥葱切碎备用。

⑦往锅里倒入所有的主料，出汁和清酒。开中火煮沸后调至小火，将杂质捞除。盖上锅盖炖 10~15 分钟，直到炖软为止。

⑧加入味噌，撒上葱花，待再次沸腾后关火，盛到碗里即可享用。

（1 人份 236kcal）

彻底捞除杂质，会让汤汁变得更加清爽。

味噌在倒入时需要充分地融入汤汁后再进行搅拌。

肉和蔬菜有鲜味，因此可以用水代替出汁。

配料（大葱、魔芋、豆皮等）可以根据自己的喜好添加和组合。

建长汁

加入生粉后口感绵柔，用一碗汤，温暖身心

食材（2~3 人份）

主料

北豆腐……½ 块

蘑菇干……3 个

胡萝卜……⅓ 个

莲藕（小）……½ 节（40g）

清洗魔芋的醋……少许

魔芋……¼ 张

色拉油……⅔ 大匙

出汁……600ml

配料

味淋、淡口酱油……各 1 大匙

盐……⅔ 小匙

生粉兑料

生粉……1 大匙

水……2 大匙

胡葱……适量

生姜泥……适量

烹饪方法

①北豆腐用手分成方便食用的大小，放到沥干篮上，备用。

②干蘑菇放入温水中泡发，切根后切成薄片。

③胡萝卜去皮，切成长 3cm 的细条（参考本书第48 页）。

④莲藕切成 4 等份（切面为扇形）后，切成薄片。放入加水、醋的盆内浸泡 10 分钟，捞出沥干。

⑤魔芋对半切开，切成薄片。

⑥锅内倒入色拉油，开中火。待锅加热后，倒入所有的主料进行翻炒。蔬菜加热变色后，倒入出汁，沸腾后调至小火，捞除杂质。盖上锅盖炖煮 10 分钟

左右，直至所有的蔬菜煮软。

⑦加入配料搅拌，将提前兑好的生粉水倒入，持续炖煮。最后放入生姜泥，关火盛到碗中。

⑧胡葱切成碎末，根据自己的喜好撒上，即可享用。

（1 人份 113kcal）

主料要经过翻炒，使水分蒸发后再倒入出汁，炖煮。

调兑好的生粉水在汤汁沸腾时倒入，便不易成粒，口感更佳。

牛蒡、油豆腐等主料可根据自己的喜好自由添加。

虽然意大利面也很美味，

但日本人还是喜欢白米饭。

饭团、盖饭、焖饭、寿司。

下面将会介绍具有人气的主食菜谱。

还有常见于午餐和夜宵的乌冬和荞麦面。

不经意间将它们摆上餐桌，

一定是加分的人气菜品。

在和食餐桌上扮演独特角色的主食食谱，

请将它们变成你永久保存的拿手主食。

米饭和面

饭团

虽然饭团是便当中的人气担当，但如果能在聚会或喝完酒后，用方便又好吃的饭团来款待宾客，一定是最好的收尾。首先，我们要介绍的是容易携带、方便食用的三角饭团。

梅干饭团

食材（6个份）

热米饭 …… 2合

梅干（腌制）…… 2个

木鱼花（5g装）…… 2包

盐 …… 适量

做法

① 去除咸梅干的核，将梅子拍打切碎，加入木鱼花后同样拍打切碎，混合搅拌。

② 待热米饭冷却到常温后，将米饭放入咖啡杯、茶碗、饭碗等餐具中（此步骤是为了饭团大小一致），大约分成6等份后，整齐摆放在盘子里。

③ 手上蘸点淡盐水，左手拿着米饭，用右手往左手的手掌里压入浅窝，加入配料。

④ 将米饭团成圆球状，把配料包住，左手拿着饭团，右手的手指和手掌做成个拱形，不停地旋转，最终形成三角形。

葱香味噌饭团（6个份）

将½的葱竖切对半分，从开端处开始细切放入碗中，加入2大匙味噌、少许七味唐辛子（辣椒粉）、少许芝麻油，进行搅拌。将葱香味噌放入饭团里包起来或如图所示，压个浅窝状将葱香味噌露在外面也可以。

明太紫苏饭团（6个份）

将½辣味明太子去皮，用刀刮出明太子备用。4张绿紫苏切碎后，与明太子一起放入米饭里进行搅拌。

明太子与米饭进行搅拌后，会快速入味，可以直接做成小饭团，也可以用海苔包起来食用。

天妇罗碎饭团（6个份）

将½杯的天妇罗碎倒入碗中，放入少许酱油、七味唐辛子（辣椒粉）、芝麻油、小葱碎末、和1大匙炒熟的白芝麻进行搅拌。

鲑鱼饭团（6个份）

将腌鲑鱼两面煎熟，去除鱼皮和鱼骨，将鱼肉切碎。用厨房剪刀将海苔剪成宽3cm的条。将鲑鱼碎放入米饭中心处捏成圆形，放到海苔碎上不停旋转，直至米饭上面沾满海苔即可。

建议用热米饭来制作饭团，如果使用冷冻的米饭的话，请再次加热（一定要热到烫手的程度再放到常温）用同样的方法来制作饭团。

放入海苔，加点芝麻来擦、握三角饭团的话，味道也很不错。

食材（2 人份）

鸡胸肉 …… 150g

葱 …… 1 根

鸡蛋 …… 3 个

热米饭 …… 米饭 2 人份

海苔碎 …… 少许

汤汁

出汁 …… 70ml

日本清酒、味淋、糖 …… 各 1 大匙

淡口酱油 …… 3 大匙

步骤和诀窍

所有的食材准备完毕后，就开始熬煮鸡肉。在此期间，将米饭盛放入碗中备用。

鸡肉汤内加入鸡蛋时，要记得关火后也有余温会持续加热，所以尽早关火十分关键。

亲子饭

美味的关键在于鸡蛋呈半熟状态时即可出锅

1．提前准备

①鸡肉去皮，用刀切成一口大小。

②将葱切成1cm厚度。

2．烹饪盖浇汁

①将配料和鸡肉块放进锅中，开中火熬煮，煮至沸腾后转小火，撇去沫汁，盖上锅盖大约煮至5分钟。
②在熬煮期间，将热米饭盛放入碗内备用。
③锅内加葱，煮至变软。

3．蛋汁入锅

①碗中打入鸡蛋并打散，随后像画圆一样从锅的中心向外缓缓倒入锅中。盖上锅盖，大约煮1分钟，直到鸡蛋呈半熟状态即可转成小火。

②趁着锅中的鸡蛋还处于半熟的状态，关火，用浅汤匙捞出，或将锅内的食材慢慢盖在米饭上面、加上海苔碎点缀即可。

（1人份558kcal）

蒽也可以用洋葱代替。
洋葱后味道会变甜，
更加温和。

胡葱以外，也可以添
味菇、香菇、松茸等
类食材，会更加美味。

炸猪排盖浇饭

试着烧出荞麦面店家的味道

食材（2人份）

炸猪排 …… 2人份

洋葱（小）…… 1个

出汁 …… 150ml

调味料

日本清酒、糖 …… 各1大匙

味淋 …… 2大匙

酱油 …… 3大匙

胡葱 …… 3根

鸡蛋 …… 3个

热米饭 …… 2碗份

烹饪方法

①将洋葱竖切两半，宽度5mm左右的细条。将小葱切成长度3cm左右的葱段。

②将炸猪排切成易食用的大小。

③将出汁放入锅内并煮至沸腾，加入调味料、洋葱，盖上锅盖。煮至变软为止，大约3分钟。

④在熬煮期间内，将热米饭盛放入碗内备用。

⑤将炸猪排整齐摆放锅内，撒点小葱一起熬煮。

⑥将打散的蛋汁倒入锅内，盖上锅盖煮至半熟状态转为小火熬煮，随后关火盖在米饭上面即可。

（1人份764kcal）

柳川风味盖浇饭

牛蒡丝配鸡蛋的香味，让人回味
无穷

食材（2 人份）

牛蒡 …… 120g

清洗牛蒡所需的醋 …… 少许

烤鳗鱼片 …… 1 串的分量

出汁 …… 200ml

调味料

日本清酒、糖 …… 各 1 大匙

味淋 …… 2 大匙

酱油 …… 3 大匙

鸡蛋 …… 3 个

热米饭 …… 2 碗份

点缀用的鸭儿芹 …… 少许

步骤和诀窍

将牛蒡焯煮，加入配料煮至汤汁后，放入鳗鱼块使其入味。煮至沸腾后，将调好的鸡蛋汁倒入锅中，要记得快速出锅。

1. 提前准备

①牛蒡去皮，斜切成细丝。（参考本书第 48 页），碗内放入水、醋，将牛蒡浸泡 5 分钟。捞出后沥干备用。

②将鳗鱼片从串子上面取出，之后切成宽度 1cm 的细条。

③将鸭儿芹切成 1~2cm 长度，备用。

2. 烹饪盖浇汁

①将出汁和切好的牛蒡放入锅内，开中火，煮至沸腾后转成小火继续熬煮，盖上锅盖，大约煮至 10 分钟，煮至牛蒡变软。

②加入配料后继续煮 5 分钟，再放入鳗鱼片。

③在熬煮的期间，将米饭盛放入碗内备分即可。

3. 蛋汁入锅

①碗中打入鸡蛋并打散，再像画圆一样从锅的中心向外缓缓倒入锅中。盖上锅盖，煮 1~2 分钟，直到鸡蛋呈半熟状态即可转成小火。

②关火后将盖浇汁淋在米饭上，撒上鸭儿芹作为点缀。

（1 人份 712kcal）

此菜谱中的鳗鱼用海鳝鱼代替。所谓"柳川锅"，就是泥鳅锅。

照烧鸡肉盖浇饭

将甜辣味的佐料放入米饭内，味道超级棒

食材（2人份）
鸡腿肉 …… 1块

腌制配料
日本清酒、酱油 …… 各1大匙
生姜汁 …… 1小匙
日本清酒 …… 1大匙

调料汁
糖 …… 1大匙
味淋 …… 1大匙
酱油 …… 3大匙
青辣椒 …… 6根
色拉油 …… 适量
米饭 …… 2碗份
烤海苔 …… ½片
七味唐辛子（调味辣椒粉）…… 少许

步骤和诀窍
首先将鸡腿肉腌渍入味后，进行煎炒（照烧）。鸡腿肉中较厚的部分很难煮熟，需要盖上锅盖进行蒸煮。

1. 腌制鸡肉

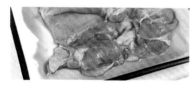

鸡腿肉去掉多余的肥肉，在调味盘内倒入腌制配料，将处理好的鸡腿肉腌制10分钟左右。

2. 煎炒

①锅内放入少量的色拉油，开中火。放入青辣椒，不停旋转翻炒，取出备用。
②用厨房纸擦拭鸡腿肉上多余的的水分。
③锅内放入1小匙色拉油，开中火，加热。鸡皮面向下放入鸡腿肉。
④烤至鸡肉两面呈金黄色之后，倒入清酒，盖上锅盖，调至小火蒸煮2~3分钟。

3. 收汁入味

①锅内加入配料，煮至沸腾后调至小火，用勺子一边浇汤汁一边烧煮，使鸡腿肉充分入味。
②将热米饭盛放碗内，撒上切好的烤海苔碎。
③关火取出鸡肉，切成方便食用的大小，盖在米饭上面。加点小青辣椒，浇上剩余的汤汁，最后加上青辣椒点缀即可。

（1人份653kcal）

除了以烤青辣椒来点缀以外，也可以放烤大葱等。

照烧鸡肉饭，不仅是一道晚饭的主菜，也是每日便当的美味菜肴。

三色盖浇饭

不仅赏心悦目，更是一款能招待他人的美味便当

食材（2人份）

鸡肉松

{ 鸡肉末 …… 150g

日本清酒、糖 …… 各1大匙

味淋、酱油 …… 各2大匙

生姜汁 …… ½ 小匙

煎蛋碎

{ 鸡蛋 …… 2个

味淋、糖 …… 各1大匙

淡口酱油 …… 少许

水或者出汁 …… 3大匙

小油菜 …… 150g

焯煮小油菜所需的盐 …… 少许

味淋、淡口酱油 …… 各½大匙

热米饭 …… 2碗

步骤和诀窍

首先制作鸡肉松和鸡蛋碎，再准备小油菜。制作鸡肉松的技巧是用力搅拌直至打散，这样一来，不仅外观好看，味道也很鲜美。

1. 制作鸡肉松

①小锅内放入鸡肉末和其余配料，用3~4根的筷子用力将配料和鸡肉末搅拌混合。

②开中火，肉末煮熟后盖上锅盖，调至小火，大约煮至10分钟。

2. 制作煎蛋碎

①将调匀的蛋汁和其余调料放进小锅内，开小火。

②用3~4根的筷子用力将调料搅拌混合，直至变成湿黏状态即可。

3. 制作小油菜末

①将小油菜放入加盐的热水里焯煮，冷水过滤，捞出挤干水分。

②切成长度5mm左右，加入味淋和淡酱油进行调味。

③将米饭盛入碗中，盖上煎蛋碎和小油菜末，中间摆放上鸡肉松即可。

也 可以用猪肉末代替鸡肉末。建议选择少肥肉，瘦肉多的猪肉。

用 荷兰豆也可以代替小油菜，将焯煮好的荷兰豆斜切摆入碗内即可。

牛肉盖浇饭

加入杏鲍菇，增强其口感与香味

食材（2人份）

细切牛肉片……200g

洋葱（小）…… 1个

生姜片 …… 3片

色拉油 …… 1小匙

汤汁

水 …… 200ml

糖 …… 1大匙

味淋 …… 2大匙

日本清酒 …… 3大匙

酱油 …… 4大匙

热饭 …… 2碗

红姜（切丝）…… 少许

步骤和诀窍

准备好材料后，与配料一起炖煮。这道菜的关键在于炖煮牛肉时要去除汤汁中的杂质，口感才会清爽、无异味。

1. 切菜

把大块的牛肉片切成容易吃的小块。

把洋葱竖着切成两半后，按照宽约1cm切成细条。生姜切丝备用。

2. 煎炒

①在平底锅中倒入色拉油，开中火热锅，用筷子打散牛肉片，进行翻炒。

②牛肉变色后，放入切好的杏鲍菇一起翻炒。

3. 炖煮

①杏鲍菇充分吸油后，加入生姜丝和配料，用弱火炖煮大约10分钟。

②加入洋葱继续炖煮5分钟。

③碗中盛好热米饭。将牛肉盖浇连汁倒入碗内，撒上红姜丝作为点缀。

（1人份606kcal）

可以放入其他的菌类代替杏鲍菇。当然，仅仅是牛肉和洋葱这样简单的组合就已经足够美味。

五目什锦焖饭

鸡肉、魔芋、胡萝卜、香菇、牛蒡，五种食材的什锦焖饭

1. 准备大米

①把米洗干净后放笸箩里沥干 30 分钟。
②在电饭煲里放入大米、适量的水，将昆布浸在水中约 20~40 分钟。

2. 准备配料

①鸡肉切成边长 8mm 的鸡丁后，放入圆碗中。碗中放入腌制配料，用手搅拌使其入味。

②魔芋上撒盐，进行搓洗后放入锅中。加水浸没，开中火。煮沸后调至小火再煮 5 分钟左右，关火放入笸箩中沥干。切成边长 5mm 的丁备用。

③干香菇泡发，拧干水分后切成边长 5mm 的丁块。
④胡萝卜切成边长 5mm 的丁。
⑤牛蒡去皮并细细地斜切。用醋水清洗后沥干备用。

3. 焖饭

①在圆碗中倒入所有食材进行搅拌。

②电饭锅中取出浸泡的昆布，加入配料轻轻搅拌，最后将①的食材和汤汁一同倒入电饭锅中。按照最常用的焖饭功能进行烧煮。
③焖饭完成后，用饭勺搅拌，盛碗即可。

（1人份 548kcal）

如果想做 2~3 人份
米 ……2 合
水……360ml
昆布（5cm 方形）……1 片
配料
酱油、日本清酒 ……各 2 大匙
味淋 ……½ 大匙
鸡腿肉 ……150g
腌制配料
日本清酒……½ 大匙
酱油……1 小匙
魔芋 ……½ 枚
清洗魔芋所需的盐……少许
胡萝卜 ……½ 根
香菇干 ……3 个
牛蒡 ……50g
清洗牛蒡所需的醋……少许

食材（4 人份）

米 …… 3 合

水 …… 540ml

昆布（5cm 方形）…… 1 片

调味料

味淋、日本清酒 …… 各 2 大匙

酱油 …… 3 大匙

鸡腿肉 …… 200g

腌制调料

日本清酒 …… 1 大匙

{ 酱油 …… ½ 大匙

{ 魔芋 …… ½ 块

清洗魔芋的盐 …… 少许

胡萝卜 …… ½ 根

香菇干 …… 4 个

牛蒡 …… 80g

清洗牛蒡的醋 …… 少许

步骤和诀窍

提前做好准备工作（浸泡昆布）。鸡肉丁腌制后再和其他蔬菜混合，直接倒入电饭煲里即可蒸饭。所有的食材要切得大小均一，才是受热均匀的关键。

菌菇焖饭

**翻炒菌菇使其香味散发出来后
再和米一起蒸**

食材（4 人份）
米……3 合
出汁……540ml

调味料
{
味淋……2 大匙
日本清酒、酱油……各 3 大匙
蘑菇（香菇、金针菇、蟹味菇等）……300g
色拉油……1 大匙
小青葱……适量

步骤和诀窍
提前做好大米的准备（沥干、浸泡）。准备
好菌类后，翻炒至软，放到电饭锅里。菌类
可以根据喜好添加。

1. 准备大米
洗好的大米放在笸
箩内，沥干30分钟。
将米和出汁放入电
饭锅里，放置 20~40
分钟。

如果想做 2~3 人份
米……2 合
水……360ml
配料
酱油、日本清酒、味淋……各 2
大匙
菌类（香菇、金针菇、蟹味菇）
等……200g
色拉油……⅔ 大匙
小青葱……适量

2. 准备菌类

①香菇切掉根部，薄切备用。
②蟹味菇切掉根部，用手分成
方便食用的大小。
③金针菇连带包装切去根部，
洗净之后按长度对半切开，用
手分成方便食用的大小。

3. 翻炒蘑菇

色拉油倒入平底锅内，开中火翻
炒，炒至蘑菇变软。

4. 菌类加入电饭锅中
焖煮

①米饭和出汁中加入配料，搅拌。
②倒入炒熟的菌类，按照最常用的
焖饭功能进行烧煮。焖饭完成后，
用饭勺搅拌，盛碗。撒上青葱末
即可。

（1 人份 461kcal）

牛肉腌野泽菜焖饭

加入红辣椒增添香辣味，食欲倍增

食材（4 人份）

米……3 合
水……540ml

调味料

酱油……1 大匙
日本清酒……2 大匙
盐……⅔ 小匙
细切牛肉片……150g
腌野泽菜[1]……200g
红辣椒……1 根
色拉油……1 大匙
炒白芝麻……少许

步骤和诀窍

提前做好大米的准备（沥干、浸泡）。准备好食材后，翻炒提香，放到电饭锅内焖煮。如果腌制野泽菜过咸，请提前浸泡在水中减淡咸味。

---

[1] 野泽菜：野泽菜（野沢菜）是日本长野县的特产蔬菜，属十字花科（Cruciferae）、芸苔属、芜菁亚种，即是芜菁的一个品种，以其栽培地点命名（也称日本芥菜）。

1．准备大米

洗好的大米放在笸箩内，沥干 30 分钟。将米和水放入电饭锅里，放置 20~40 分钟。

2．准备配菜

①腌野泽菜在根部划上几刀，再切成 1cm 左右的小块。
②牛肉片切成 2~3cm 大小备用。

③红辣椒去头，去籽。切成辣椒碎，备用。

3．翻炒食材

①平底锅中倒入色拉油开中火，放入牛肉片和红辣椒，翻炒。
②牛肉片变色后，放入腌野泽菜，翻炒。待肉和蔬菜完全炒透，即可关火。

4．放入电饭锅焖煮

① 在浸泡的大米中加入配料，搅拌。
②倒入炒熟的牛肉和腌野泽菜，按照最常用的焖饭功能进行烧煮。焖饭完成后，用饭勺搅拌，盛碗。撒上炒白芝麻即可。

（1 人份 461kcal）

如果想做 2~3 人份
米 ……2 合
水……360ml
调味料
酱油……⅔ 大匙
日本清酒……2 大匙
味淋……½ 小匙
细切牛肉片……100g
腌制作野泽菜……150g
红辣椒……1 根
色拉油……⅔ 大匙
炒白芝麻……少许

手握寿司

形状可爱，色彩斑斓。让客人眼前一亮的拿手好菜

1．制作寿司饭

①洗好的大米放在筲箕内，沥干30分钟。将米和水放入电饭锅里，放置20~40分钟。

②预先将寿司饭配料进行搅拌，备用。

③煮好米饭后，趁热捞出。放入稍大一点的搅拌碗中，将寿司饭配料洒在饭勺上，进行搅拌。

④搅拌时饭勺的动作是上下移动，要注意打圈搅拌会使寿司饭变得口感黏稠。

⑤大致搅拌好以后，用饭勺将米饭堆在一起，等待1~2分钟，再摊开散热。

2．准备寿司配料

①用刀将墨鱼横切12张薄片，备用。

②制作薄烧蛋卷。碗内打入鸡蛋，打散。平底锅内倒入色拉油，用厨房纸轻轻擦拭多余的油，倒入½量的鸡蛋液。待蛋卷表面变干后用筷子沿着蛋卷边缘处慢慢提起，翻面。稍微加热后便可取出。另外一张蛋卷也用同样的方法烧制。待做好的蛋卷回到常温后切成5mm宽的细丝，备用。

③烤海苔切成5mm×8cm的细带状，切好12张，备用。

3．制作饭团

①准备一碗淡醋水（分量外），浸湿双手。将寿司饭用手捏成3cm大小的球状。

②保鲜膜切成15cm大小方形，保鲜膜正中间放上金枪鱼刺身片，涂上芥末后放上捏好的寿司饭。双手拿起保鲜膜，将所有材料捏成球形，一只手拖住金枪鱼面，另一只手拧几圈保鲜膜并收口定型。

③制作墨鱼寿司时，一份寿司中放入两张墨鱼刺身，涂上芥末，放入细香葱、寿司饭，收口定型。

④虾肉寿司也按照以上方法收口定型。

⑤制作白身鱼寿司时，一份寿司中放入两张刺身片，涂上芥末，放入山椒叶、寿司饭，收口定型。

⑥制作鸡蛋寿司时，将一张蛋卷分成6等份后放到保鲜膜上，放入寿司饭，收口定型。打开保鲜膜后用切好的烤海苔条，按"十"字卷好即可。

⑦盘中摆好寿司，放几片日式腌生姜作为点缀。

（1人份 444kcal）

刺身可选择容易购买到的品种，可根据自己的喜好自由搭配。如果能够买到超市贩卖的"刺身拼盘"制作寿司，会更加方便。

寿司饭可以冷冻保存，十分方便。制作好寿司饭后放入保鲜膜中包好，再放入冷冻盒中冷冻储存即可。

食材（2~3 人份）

米……2 合

水……360ml

寿司饭配料

醋……3 大匙

糖……½ 大匙

盐……½ 小匙

芥末泥……适量

金枪鱼刺身（红身）……4 片

墨鱼刺身（5cm 正方形）……1 片

细香葱碎末……少许

煮好的虾（小，去虾线开背）……4 条

白身鱼刺身……8 片

山椒叶……4 片

鸡蛋……1 个

色拉油……少许

烤海苔片……适量

日式腌生姜……适量

步骤和诀窍

预先做好寿司饭，备用。待寿司饭回到常温后再开始准备配料，捏成寿司的形状。

虾肉碎蛋寿司

寿司饭中加入柴渍，增添风味

食材（2~3 人份）

米……2 合

水……360ml

寿司饭配料

醋……3 大匙

糖……1 大匙

盐……½ 小匙

柴渍[1]……30g

烤海苔……1 张

虾泥配料

去皮虾肉……200g

日本清酒、味淋、糖……各 2 大匙

盐……少许

---

1 柴渍：京都三大腌菜之一。主要由萝卜、紫苏的花、菊花、小黄瓜、紫苏叶、姜等材料腌制而成。

碎蛋配料

鸡蛋……2 个

味淋、糖……各 1 大匙

盐……少许

山椒叶……4 片

步骤和诀窍

预先做好寿司饭，备用。只要做好虾泥和碎蛋后装盘即可。

1. 制作寿司饭

①参考本书第 73 页，制作寿司饭。
②柴渍切碎，拌入寿司饭中。

2. 制作碎蛋

小煮锅中放入鸡蛋并打散，倒入其余的碎蛋配料进行搅拌。开中火，用 3~4 支筷子不停搅拌，尽量使鸡蛋变碎、变细。

3. 制作虾泥

① 去皮虾肉用竹签去背线，用刀切成小块。

②锅中放入虾肉和其他虾泥配料进行搅拌，开偏弱的中火，用筷子不停搅拌。待虾泥熟透后关火冷却。

4. 装盘

①烤海苔放入食品塑料袋中捏碎。
②山椒叶用手拍打，使其溢出香味。
③盘中盛上寿司饭，撒上烤海苔碎，盖上鸡蛋碎、虾泥。最后放几片山椒叶作为点缀。

（1 人份 548kcal）

这道菜也可以使用鸡肉代替虾肉。

如果没有山椒叶，也可以使用盐煮荷兰豆作为替代。

咖喱乌冬面

偶尔会想起，让人怀念的古早味

食材（2 人份）

水煮乌冬……2 人份

鸡胸肉……150g

洋葱（小）……1 个

水……600ml

日本清酒……1 大匙

咖喱块[1]……60g

酱油……1 大匙

小青葱……2~3 根

---

1 咖喱块：这里指的是日式咖喱块。目前在中国的大型超市中均可以买到。

步骤和诀窍

准备好材料后，先煮鸡肉块，再用咖喱块调味。
如果使用干面乌冬的话，要记得先将乌冬面煮熟备用。

烹饪方法

① 用刀将摊平的鸡肉切成一口大小的肉丁。洋葱对半切开，再切成厚 1cm 的细条。小青葱切成 3~4cm 长。

② 锅内倒入水、鸡肉块和清酒，开中火。煮沸后再调至小火。捞除杂质后再煮 5 分钟。

③ 锅内倒入洋葱后再炖煮 5 分钟，将切成小块的咖喱块放入，并用筷子慢慢将其化开。锅汤汁变黏稠后，加入酱油。

④ 水煮乌冬在加热后用笊篱捞出，除去多余水分，倒入碗里。

⑤ 浇上咖喱，撒上葱花。

（1 人份 563kcal）

先煮鸡汤，再加入洋葱。

先将咖喱固体切成小块，再加入汤中。

不妨尝试用水代替出汁，别有一番滋味。

猪肉片也可以代替鸡肉块。

炸什锦乌冬面

可以用买来的炸什锦制作简单的乌冬面

食材（2 人份）

水煮乌冬……2 人份

炸什锦（市面购买）……2 个

出汁……4 杯

味淋……1 大匙

淡口酱油……2 大匙

步骤和诀窍

只要准备好出汁，就基本完成了一碗面的精髓。鲜美的汤汁是重点，所以出汁一定要用昆布和鲣鱼干片提取。使用新做的出汁，味道更鲜美。

烹饪方法

①待锅内的出汁煮沸后，倒入味淋和淡口酱油进行调味。

②将乌冬放到笊篱里，外面再罩一个大盆。倒入热水，用手打散，再去除黏液和水。

③锅内加入乌冬，与汤汁一起炖煮后关火盛到碗里。最后放上炸什锦即可完成。

（1 人份 413kcal）

乌冬去除黏液后，口感会变得更加顺滑，有嚼劲。

添加酱油主要是为了增添香气。如果喜欢清汤的关西风，则加入淡口酱油。如果喜欢浓郁的关东风，则加入浓口酱油。

除了炸什锦，还可以选择炸虾、炸扇贝等自己喜欢的天妇罗。

牛肉乌冬

加上大量的大葱，才过瘾

食材（2 人份）

水煮乌冬……2 人份

牛肉片……200g

汤汁配料

水……200ml

糖……1 大匙

日本清酒、味淋……各 2 大匙

酱油……3 大匙

姜片……少许

大葱……1 根

出汁……4 杯

酒、味淋……各 1 大匙

酱油……2 大匙

七味唐辛子（调味辣椒粉）……少许

步骤和诀窍

准备好材料后，将牛肉片用汤汁炖煮入味。底汁和乌冬准备好后，在牛肉汤汁里加入大葱就大功告成了。

①牛肉切成方便食用的大小。

②大葱斜着切成薄片。

③锅里加入汤汁配料，开中火煮沸后放入牛肉片，用筷子搅开。牛肉变色后调至小火，捞除杂质。再盖上锅盖等待 10 分钟左右，将汤汁煮到剩余少许。

④制作底汁。在锅里倒入出汁煮沸，再加入清酒、味淋和酱油调味。

⑤将乌冬放到笊篱里，外面再罩一个大盆。里面倒入热水，用手打散，再去除黏液和水。将乌冬倒入装有底汁的锅中，煮沸后盛到碗里。

⑥牛肉锅里倒入葱片搅拌。将牛肉连带煮汁倒在乌冬面上，根据个人喜好撒上七味唐辛子即可。

牛肉煮到鲜味充分溢出后再加入大葱。为了保留大葱的口感和香味，快速地过一下水，便可关火。

（1 人份 478kcal）

大葱不论白葱还是青葱，美味的秘密是分量要充足。

冷荞麦面

冰凉、清爽，就是冷荞麦面的美味之处

食材（2人份）

荞麦面（干面）……150g

炸天妇罗碎……½杯

鱼饼……50g

黄瓜……1根

小青葱……2根

凉面汁……适量

步骤和诀窍

制作好的凉面汁要提前进行冷却。切好所有食材后，再根据规定时间煮好荞麦面。荞麦面要过一遍冷水来去除黏液。最后将预先切好的食材装盘即可食用。

烹饪方法

①黄瓜斜着切片后，再切成细丝。小青葱也斜着切成细条。鱼饼切丝。

②荞麦面根据规定的时间（具体时间请参照外包装的提示）煮好，关火。用笊篱捞出荞麦面，用流水冲掉黏液后沥干。

③将荞麦面盛到盘子里。放上黄瓜、小葱、鱼糕和炸渣。倒上凉面汁。食用前请充分搅拌面和配料，一同享用。

（1人份 416kcal）

凉面汁的制作方法（约500ml）

锅里加入水400ml，边长5cm的四方昆布一张，味淋和酱油各70ml，开小火。煮沸后加入鲣鱼干片20g。再次煮开，用小火再煮5分钟后过滤。

凉面汁用瓶子或者其他密闭容器可以保存2周左右。

作料可以搭配紫苏或者腌制的姜片。

出版后记

日本料理因其口味清淡、食材天然、营养丰富、外观精致，受到全球广大食客的喜爱。喜爱和食的你，是否也想尝试在家亲手制作简便又正宗的日本料理呢？美食家大庭英子为您精选和食食谱，只闻其名，就能联想到诱人的色香味，而且这些佳肴都是传统日本料理的基本菜色。跟随作者的详细指导，按步骤操作，定能制作出地道的美味和食，让烹饪时光更添愉悦。

本书内容选取了近年来在美食爱好者中非常流行的和食,书中介绍的和食制法简明、品类丰富、营养健康,非常符合现代人的饮食习惯。对于日式美食爱好者来说,这本书中的食谱更是美味又正宗,掌握其中介绍的方法,就能自己在家做出地道的和食。作者大庭英子是日本著名的料理研究家,不但擅长传统日式美食,更能将世界不同国家的菜品融合创新,同时善于利用家庭常见的食材和调味料进行烹饪,其创作的菜谱非常适合供普通家庭制作。

服务热线:133-6631-2326 188-1142-1266
读者信箱:reader@hinabook.com

后浪出版公司
2019 年 10 月

艺术指导 木村裕治
设计 川崎洋子(木村设计事务所)
摄影 今清水隆宏
造型 池水阳子
热量计算 龟石早智子
料理助理 堀山悦子 森美香
编辑 藤井靖子
策划、构成、编辑 中村裕子

图书在版编目（CIP）数据

基本和食 / （日）橘香编；（日）千叶万希子译. --
上海：上海文化出版社，2019.12
ISBN 978-7-5535-1825-1

Ⅰ . ①基… Ⅱ . ①橘… ②千… Ⅲ . ①食谱—日本
Ⅳ . ①TS972.183.13

中国版本图书馆CIP数据核字(2019)第275655号

"KIHON NO WASHOKU - TORIAEZU KONO RYORI SAE TSUKUREREBA 1"
Copyright © THE ORANGE PAGE,INC. Tokyo 2000
All rights reserved.
First published in Japan by THE ORANGE PAGE,INC. Tokyo.

This simplified Chinese edition published by arrangement with
THE ORANGE PAGE,INC. Tokyo in care of Tuttle-Mori Agency, Inc., Tokyo
本书简体中文版权归属于银杏树下（北京）图书有限责任公司
图字：09-2019-948号

出 版 人　　姜逸青
策　　划　　后浪出版公司
责任编辑　　王茗斐　葛秋菊
责任监制　　王　頔
特约编辑　　刘　悦
版面设计　　李红梅
封面设计　　墨白空间·杨雨晴

书　　名　　基本和食
编　　者　　〔日〕橘香
译　　者　　〔日〕千叶万希子
出　　版　　上海世纪出版集团　上海文化出版社
地　　址　　上海市绍兴路7号　200020
发　　行　　上海文艺出版社发行中心
　　　　　　上海市绍兴路50号　200020　www.ewen.co
印　　刷　　北京盛通印刷股份有限公司
开　　本　　889×1194　1/16
印　　张　　6.25
版　　次　　2019年12月第1版　2019年12月第1次印刷
书　　号　　ISBN 978-7-5535-1825-1/TS.066
定　　价　　60.00元

后浪出版咨询(北京)有限责任公司常年法律顾问：北京大成律师事务所
周天晖　copyright@hinabook.com
未经许可，不得以任何方式复制或抄袭本书部分或全部内容
版权所有，侵权必究
本书若有质量问题，请与本公司图书销售中心联系调换。电话：010-64010019